[제3판]

수학으로 세상보기

A Mathematical View of Our World

황승수 정의채 지음

지오북스

저자 황 승 수

- 서울대학교 수학과 졸업
- 뉴욕주립대학교 스토니브룩 박사
- 현 중앙대학교 수학과 교수
  번역서로는 벡터해석학(공저) 등이 있다.

저자 정 의 채

- 중앙대학교 수학과 졸업
- Michigan State University 수학과 석사
- University of Iowa 수학과 박사
- 서울대학교 수학과 연구원
- 현 중앙대학교 수학과 소속

수학으로 세상보기 [제3판]

초판인쇄　　2020년 1월 31일
초판발행　　2020년 1월 31일

저　　자　　황승수, 정의채
펴 낸 곳　　지오북스
주　　소　　서울 중구 퇴계로 213 일흥빌딩 408호
등　　록　　2016년 3월 7일 제395-2016-000014호
전　　화　　02)381-0706 ｜ **팩스** 02)371-0706
이 메 일　　emotion-books@naver.com
홈페이지　　www.geobooks.co.kr

ISBN 979-11-87541-74-5
값 19,000원

이 도서의 국립중앙도서관 출판예정도서목록(CIP)은 서지정보유통지원시스템 홈페이지(http://seoji.nl.go.
kr)와 국가자료공동목록시스템(http://www.nl.go.kr/kolisnet)에서 이용하실 수 있습니다. (CIP제어번호 :
CIP2019051867)

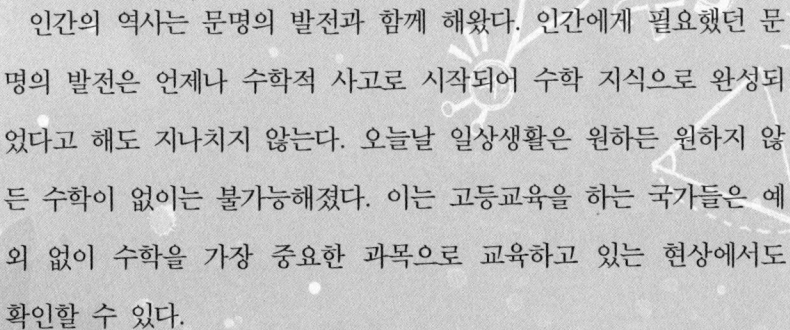

　인간의 역사는 문명의 발전과 함께 해왔다. 인간에게 필요했던 문명의 발전은 언제나 수학적 사고로 시작되어 수학 지식으로 완성되었다고 해도 지나치지 않는다. 오늘날 일상생활은 원하든 원하지 않든 수학이 없이는 불가능해졌다. 이는 고등교육을 하는 국가들은 예외 없이 수학을 가장 중요한 과목으로 교육하고 있는 현상에서도 확인할 수 있다.

　많은 사람에게 수학하면 떠오르는 첫인상은 어렵다는 것이다. 오늘날 수학은 삶을 영위하는 데 없어서는 안 되는 중요한 영역이지만 성인에게는 가장 싫어하는 영역이라는 불명예도 갖는다. 어린이 때는 수학을 좋아하는 학생이 꽤 많다. 그러나 좋아하던 과목인 수학이 학교 교육을 거치면서 가장 싫어하는 과목이 된다. 이런 현상은 수학을 잘못 가르치고 배운 탓도 있을 것이다.

　고교과정까지의 학생들의 수학 공부를 돌이켜 보면 초점이 시험 성적, 특히 대학 입시에 맞추어 있다. 새로운 수학적 사실을 이해하고 깨달아가며 배우는 즐거움을 느끼며 수학을 공부하는 것이 아니다. 많은 문제 풀이를 통하여 풀이 방법을 익혀서 좋은 점수를 얻는 기술을 숙달하는 훈련을 한다. 그러다 보니 새로운 주제의 공부를 시작할 때 그 주제를 왜 배우는지, 그 주제가 현실과 어떻게 연결되는지를 살펴볼 여유조차 없는 것이다. 인간은 새로운 지식을 갈망하고 그 지식을 얻었을 때 행복을 느낀다고 한다. 입시를 위한 수학 공부가 아닌 새로운 지식을 얻으며 공부를 한다면 없던 흥미도 생길 수도 있다.

실제로 수학은 자연과 실생활에서 일어나는 현상을 잘 관찰하여 수학적으로 표현하고 그 구조를 밝히는 일을 한다. 이에 관해 갈릴레이 갈릴레오는 다음과 같이 말했다.

철학은 끊임없이 우리 눈 앞에 펼쳐지는 거대한 책(우주를 의미)에 기록되는데, 그 책에 쓰여진 언어와 사용된 문자를 배우지 못하면 책의 내용을 이해할 수 없다. 그 책이란 수학이란 언어로 쓰여 있고, 그 언어의 문자는 삼각형, 원 및 다른 여러 가지 기하학적 도형들이다. 이것 없이는 단 한 줄도 이해하기란 불가능하며, 이것 없이는 마치 어두운 미로를 헤매는 것과 같다.

이 책은 몇 가지를 고려하여 저술하였다. 고등학교까지의 교육과정에서 배웠던 수학 중 자주 보았던 주제를 선택하여 왜 배웠는지를 설명하였다. 다른 책에서 설명을 찾아볼 수 없거나 찾기 어려운 수학 용어를 수학 비전공자까지 고려하여 해설을 실었다. 우리의 생활과 관련 주제를 선택하여 실용성과 흥미를 고려하였다. 참고로, 이 책에서 가끔 나오는 †부터 ■ 까지의 부분은 참고사항으로, 이해하면 좋은 내용이지만 이 책의 성격상 다루지 않아도 무방하다.

이 책은 한 학기 대학 교양교재로 활용할 수 있도록 만들었다. 많은 사람들의 자료와 저서들을 참조하여 만든 강의노트가 새로운 공저자의 참여 등으로 지금의 형태로 발전했다. 이 책을 출판할 수 있도록 도와주신 분들께 감사드린다.

2019년 가을 검은돌에서 저자들 씀

목차

제2장
수학과 생활 ● 71

제**4**장

수학의 영역 ● 223

제 1 장

왜 배울까?

제1장

왜 배울까?

수학을 공부하다 보면 왜 공부하는지 모른 채 그저 문제를 풀기 위해 반복하여 익힌다. 모든 일이 마찬가지지만 이유도 모른다는 건 의미가 없는 일이다. 이유를 알고 나면 없던 흥미가 생기기도 하다. 우리가 배운 내용 중 몇 가지만 살펴보자.

1.1 항등원과 역원 ————— ·

먼저 항등원과 역원의 뜻을 알아보자.

모든 실수 x에 대하여

$$x+0=0+x=x$$

가 성립한다. 이때 0을 실수의 덧셈에 대한 항등원이라고 한다.

임의 각 실수 x에 대하여

$$x+(-x)=(-x)+x=0$$

가 성립한다. 이때 $-x$를 실수 x의 덧셈에 대한 역원이라고 한다.

같은 방법으로 곱셈에 대한 항등원과 역원을 정의할 수 있다. 곱셈에 대한 항등원은 1이고, 0이 아닌 실수 x의 곱셈에 대한 역원은 $\frac{1}{x}$이다. 곱셈에 대한 역원은 역수라고 한다.

항등원과 역원은 덧셈과 곱셈에서만 정의하는 것은 아니다. 덧셈이나 곱셈 이외의 연산에서도 정의하고, 그 밖의 수학의 다양한 분야에서 정의한다. 왜 항등원이나 역원을 정의하고 배우는 것일까? 여기서는 그 이유를 예를 들어 설명하려 한다. 참고로 항등원은 존재한다면 항상 단 하나만 존재한다. 반면에 역원은 한 원소가 주어지면 그에 대응하는 역원이 하나이다. 주어지는 원소가 달라지면 그에 따라서 역원도 달라진다. 곱셈에서 0에 대한 역원이 존재하지 않는 것처럼 역원은 항상 존재하는 것은 아니다. 이렇게 이야기하면 좀 놀라겠지만 역원이라는 용어를 사용하지는 않았지만 개념은 이미 초등학생 때 배웠었다. 예를 들어보자.

예제 1 현금 5,000 원을 갖고 연필 2 자루를 샀더니 4,400 원이 남았다. 연필 하나의 가격은 얼마인가?

풀이▶ 연필 1 자루의 가격을 x 라고 하면, 연필 2 자루의 가격은 $2x$ 가 된다. 따라서

$$2x + 4,400 = 5000$$

이다. 이 방정식의 양변에서 4,400 을 빼면

$$2x = 600$$

이고 다시 양변을 2 로 나누면

$$x = 300$$

이다. 연필 한 자루의 가격은 300 이다. ■

이 풀이 과정을 항등원과 역원을 이용하여 나타내어 보자. 이 과정은 초등학생 때 배운 '거꾸로 생각하여 보기'와 같은 과정이다. 식

$$2x + 4,400 = 5000$$

에서 좌변에 마지막에 한 연산은 4,400 을 더하는 것이다. 이를 거꾸로 하기 위하여 4,400 의 덧셈에 대한 역원을 식의 양변에 연산하자.

$$(2x + 4,400) + (-4,400) = 5000 + (-4,400)$$

이 식에 결합법칙을 적용하여

$$2x + \{4,400 + (-4,400)\} = 600$$

식을 얻는다. 역원의 정의에 의하여

$$2x + 0 = 600$$

을 얻고 다시 항등원의 정의에 따라

$$2x = 600$$

식을 얻는다. 이 식에 마지막 한 연산은 2를 곱한 것이므로 거꾸로 2의 곱셈에 대한 역원을 식의 양변에 연산한다. 덧셈에서와 같이 결합법칙과 항등원의 정의를 사용하면

$$\frac{1}{2}(2x) = \frac{1}{2} \cdot 600$$

$$(\frac{1}{2} \cdot 2)x = 300$$

$$1 \cdot x = 300$$

$$x = 300$$

을 얻는다.

따라서 역원을 연산한다는 것은 초등학생 때 배운 거꾸로 생각하기 과정이다. 따라서 역원의 존재는 방정식의 해의 존재성과 연관된다.

위의 예에서는 방정식이 간단하여 항등원과 역원의 과정을 생각하는 것은 오히려 귀찮게 생각될 수 있다. 그러나 매우 복잡한 식이 있다고 생각하여보자. 어떻게 풀 것인가? 복잡한 방정식도 마찬가지이다. 어떤 문제든 한 단계씩 거꾸로 생각하여보면 처음 알고자 하는 것을 구해낼 수 있는 것처럼 마지막에 한 연산을 찾고 역원을 찾아서 차례대로 연산하면 방정식을 풀 수 있다.

인공지능 로봇에게 복잡한 문제를 풀라고 시킨다고 하자. 이때 인공지능 로봇에게 항등원과 역원의 정의를 학습시키면 인공지능 로봇은 풀 수 있는 문제를 모두 풀어내게 된다.

역함수 존재의 의미

함수를 합성하는 연산에서 역함수는 역원이다. 이를 이해하여 보자.

$f(x)$를 x에 관한 식이라고 하면

$$f(x) = 0$$

은 x에 관한 방정식이다. 또

$$y = f(x)$$

는 y는 x에 관한 함수식이다. 따라서 함수 $y = f(x)$에서 $y = 0$일 때 방정식이 된다. x에 관한 방정식

$$f(x) = 0$$

을 푼다고 하는 의미는 식 $f(x) = 0$를 만족하는 x를 구하는 것이다.

만일 함수 $y = f(x)$의 역함수를 찾았다고 하고 역함수를 $y = f^{-1}(x)$라고 하자.

역함수의 정의에 의하여

$$f^{-1}(y) = f^{-1}(f(x)) = x$$

이다. 이때 이 식에 $y = 0$를 대입하면

$$f^{-1}(0) = x$$

이다. 여기서 x의 값 $x = f^{-1}(0)$은 방정식 $f(x) = 0$의 해이다. 역함수의 존재는 방정식의 해의 존재성과 밀접하다. 물론 해의 존재성과 역함수의 관계를 이야기할 때 0이 함수의 치역의 원소라야 한다.

두 실수 a, b와 이들 사이에 연산을 $*$이라고 하자. 이때
$$a*e = e*a = a$$

를 만족하는 e를 항등원이라고 한다. 또
$$a*b = b*a = e$$

를 만족하는 b를 연산 $*$에 대한 a의 역원이라고 정의한다.

다음 문제를 풀어라.

01 $a*b = ab+a+b$로 정의하였을 때

(1) 항등원을 구하여라.

(2) a의 역원을 구하여라.

02 정의역과 치역이 실수 전체인 두 함수 f, g의 연산 $f*g$를 두 함수의 합성 함수로 정의하였다. 즉
$$(f*g)(x) = (f \circ g)(x) = f(g(x))$$

일 때

(1) 항등원을 구하여라.

(2) 함수 f의 역원을 구하여라.

03 두 행렬 $A = \begin{pmatrix} a & b \\ c & d \end{pmatrix}$, $B = \begin{pmatrix} p & q \\ r & s \end{pmatrix}$에 대하여 두 행렬의 곱을

$$AB = \begin{pmatrix} a & b \\ c & d \end{pmatrix}\begin{pmatrix} p & q \\ r & s \end{pmatrix} = \begin{pmatrix} ap+br & aq+bs \\ cp+dr & cq+ds \end{pmatrix}$$

로 정의하였을 때

(1) 항등원을 구하여라.

(2) 행렬 $A = \begin{pmatrix} a & b \\ c & d \end{pmatrix}$의 역원이 존재할 조건을 구하고, 역원이

존재할 때 역원을 구하여라. (행렬의 곱셈에 대한 역원을
역행렬이라고 한다.)

결합법칙

수나 식에 대한 단원이 시작되면 어김없이 결합법칙을 배운다. 수나 식뿐만 아니라 집합의 연산에서도 결합을 배웠다. 연산을 정의하는 단원에서는 어김없이 결합법칙이 성립하는지 따져본다. 왜일까? 먼저 정의를 살펴보자.

세 실수 a, b, c에 대하여 덧셈에 대하여 결합법칙
$$a+(b+c)=(a+b)+c$$
가 성립한다.

결합법칙이 어떤 의미가 있는지 알아보자. 이제 두 수의 덧셈을 간신이 하는 어린아이가 있다. 이 어린이에게 세 개의 숫자를 주고 더하라고 하면 어떤 반응을 할까? 학교에 다니는 학생이나 어른에게는 쉬울 수 있는 이 물음이 이제 두 수의 덧셈을 간신히 하는 어린이에게는 불가능할 수도 있다. 우리의 시각에서 보면 세 개의 숫자 중 두 수를 선택하여 먼저 더하면 하나의 숫자를 얻고 여기에 나머지 하나의 숫자를 더하면 된다.

결합법칙에 의하면 세 개의 숫자 중 어느 두 개의 숫자를 선택하여 더한 다음 나머지 숫자와 더해도 결과가 같다. 따라서 세 개의 숫자의 덧셈을 따라 정의할 필요가 없다. 두 수의 덧셈 정의와 결합법칙을 사용하면 세 숫자의 덧셈을 할 수 있다.

두 수의 덧셈과 결합법칙을 반복하여 사용하면 여러 숫자의 덧셈을 할 수 있다. 따라서 세 숫자의 덧셈이나 여러 숫자의 덧셈 정의를 따로 할 필요가 없다. 그렇다면 결합법칙이 성립하지 않는 연산도 있나? 물론 모든 연산이 결합법칙이 성립하는 것은 아니다. 이는 연습문제로 남긴다.

분배법칙

결합법칙과 더불어 자주 배우는 법칙이 분배법칙이다. 먼저 분배법칙의 정의를 알아보자.

> 세 실수 a, b, c에 대하여 분배법칙
> $$a(b+c) = ab + ac$$
> 가 성립한다.

분배법칙에는 어떤 의미가 있는지 알아보자. 우선 분배법칙에는 반드시 두 연산이 있다. 분배법칙 $a(b+c) = ab + ac$ 에는 덧셈과 곱셈의 두 연산이 있다. 따라서 위 식의 분배법칙은 덧셈과 곱셈의 관계를 설명한 것이다. 분배법칙의 좌변은 두 수 b, c를 먼저 더한 다음에 이 수에 a배를 하였다는 의미이다. 반면에 우변은 두 수 b, c 각각에 a배를 한 다음 이를 더하였다는 의미이다. 예를 들어보자.

$$5(4+3) = 5 \cdot 4 + 5 \cdot 3$$

의 좌변은 곱셈의 정의에 의하여

$$5(4+3) = (4+3)+(4+3)+(4+3)+(4+3)+(4+3)$$

이고 우변은

$$5 \cdot 4 + 5 \cdot 3 = (4+4+4+4+4)+(3+3+3+3+3)$$

이다.

01 덧셈, 뺄셈, 곱셈, 나눗셈 중 결합법칙이 성립하지 않는 연산을 찾고 성립하지 않음을 예를 들어 보여라.

02 세 집합 A, B, C에 대하여 두 연산 합집합과 교집합에 대하여 분배법칙을 써 보아라.

대칭

우리가 배우는 수학은 어떻게 탄생하는가? 수학에는 수많은 분야가 있다. 분야가 다양한 만큼 수학이 탄생하는 과정도 다양하다. 여기서는 대칭에 대하여 일상으로부터 우리가 고등학생 때 배운 내용까지 연결하여보겠다.

오래된 기억을 더듬어보자. 초등학교 미술 시간이었다. 도화지 한 장을 준비해서 반으로 접어놓는다. 긴 실 하나를 여러 가지 색으로 물들인 다음 반으로 접은 도화지의 펼쳐서 놓고 한쪽에 물감으로 축축하게 물들인 실은 올려놓는다. 도화지의 나머지 반쪽으로 실을 덮고서 눌러준다. 다시 도화지를 펼치고 실을 제거한다. 도화지에는 접은 선을 따라 좌우에 서로 대칭인 무늬가 펼쳐진다. 이 경우 무늬는 선대칭이다.

그림 1.1.1

　　대칭은 인간의 신체, 건물처럼 일상에서 의식 중 또는 무의식중에 늘 접하며 지낸다. 물리에서 대칭 이론은 매우 중요하게 여긴다. 디자인에서도 대칭을 자주 볼 수 있다. 좌우가 대칭인 무늬를 디자인할 때 미술 시간 같이 일일이 반으로 접어서 만들어야 하나? 요즈음은 디자인과 프린트할 때 컴퓨터를 이용한다. 이를 위해서는 컴퓨터 프로그램이 필요하다. 컴퓨터 프로그램을 위해서는 대칭의 정의와 이를 표현한 식이 필요하다.

　　물리적인 실험에서 대칭이란 무엇일까? 선대칭인 도형이 있다고 하자. 이 도형을 선대칭 하여 얻은 도형은 처음 도형과 같은 도형이다. 물리적 실험 대상을 어떤 선을 기준으로 좌우를 바꾸는 실험을 시행하였더니 처음과 같은 결과를 얻었다면 이 대상은 선대칭인 것이다.

　　대칭에는 대표적으로 점대칭과 선대칭이 있다. 다른 대칭도 있지만 여기서는 선대칭 이야기를 하기로 한다. 대칭을 만족하는 그래프의 식은 어떻게 유도하나?

　　$y = f(x)$의 그래프가 y축에 대칭이라고 하자. 이 식은 어떤 조건을 만족하여야 하는지 알아보자.

　　$y = f(x)$의 그래프 위의 한 점 P의 좌표를 (x, y)라고 하자. 이제 점 P와 y축에 대칭인 점을 Q라고 하면 이 점 역시 $y = f(x)$의 그래프가 y축에 대칭이므로 $y = f(x)$의 그래프 위의 점이다. Q점의 좌표를 (a, b)라고 하고 a와 b의 값을 구하여 보자.

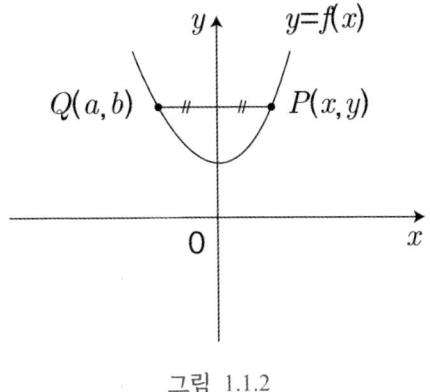

그림 1.1.2

$y = f(x)$의 그래프가 y축에 대칭이라고 함은 그래프를 종이에 그리고 이 종이를 y축을 따라 접으면 그래프가 포개어진다는 의미이다. 따라서 대칭은 두 가지의 의미를 갖는다. '접는다'와 '포개어 진다.'이다. 이를 수학적으로 해석하자. 포개진다는 것은 거리가 같다는 의미이디. 집는다는 것은 방향이 반대라는 의미이다. 접은 종이를 펼쳐보면 포개어졌던 두 점은 y축을 기준으로 서로 반대쪽에 있다. $P(x, y)$와 $Q(a, b)$가 y축에 대칭이면 $a = -x$이고 $b = y$이다. 따라서 점 $Q(-x, y)$가 $y = f(x)$의 그래프 위의 점이다. 따라서 좌표 $(-x, y)$는 함수식 $y = f(x)$을 만족하여야 한다. 좌표 $(-x, y)$를 $y = f(x)$에 대입하면 $y = f(-x)$를 얻는다. 그러므로 $y = f(x)$의 그래프가 y축에 대칭이면 $f(x) = y = f(-x)$이다. 결론적으로 $f(x) = f(-x)$을 얻는다.

01 점 $Q(a,\, b)$가 직선 $x = k$에 대하여 점 $P(x,\, y)$와 대칭일 때 점 $Q(a,\, b)$의 좌표를 구하여라.

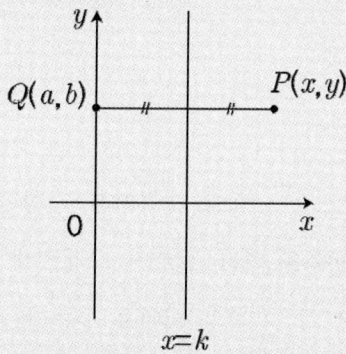

02 $y = f(x)$의 그래프가 직선 $x = k$에 대하여 대칭일 조건을 구하여라.

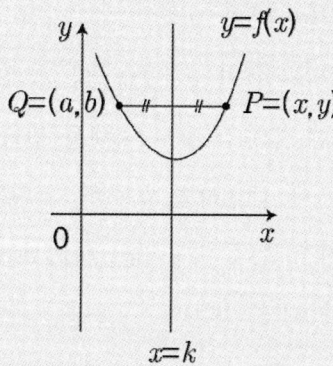

03 점 $Q(a,\ b)$가 원점 $O(0,\ 0)$에 대하여 점 $P(x,\ y)$와 대칭일 때 점 $Q(a,\ b)$의 좌표를 구하여라.

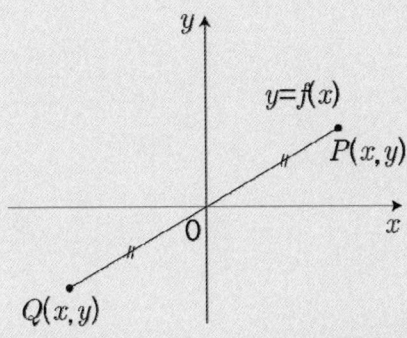

04 $y=f(x)$의 그래프가 원점 $O(0,\ 0)$에 대하여 대칭일 조건을 구하여라.

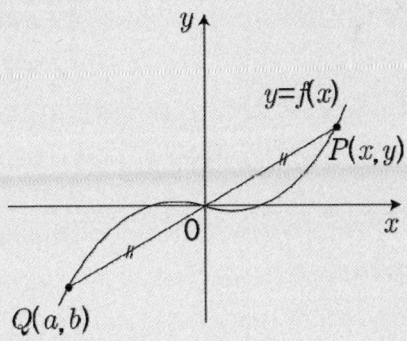

05 점 $Q(a,\ b)$가 점 $F(k,\ l)$에 대하여 점 $P(x,\ y)$와 대칭일 때 점 $Q(a,\ b)$의 좌표를 구하여라.

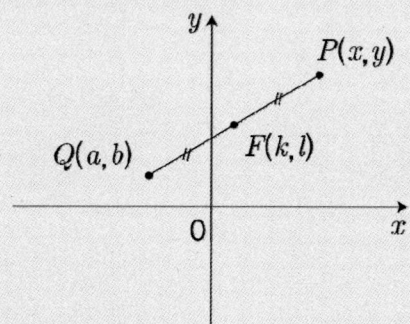

06 $y = f(x)$의 그래프가 점 $F(k,\ l)$에 대하여 대칭일 조건을 구하여라.

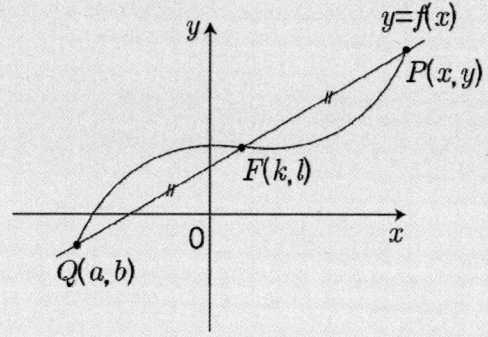

1.2 원주율 ─── •

원주(원의 둘레)의 길이의 원의 지름의 길이에 대한 비율을 원주율이라고 한다. 원주율은 그리스 문자 π 로 나타낸다. 원주의 길이를 l, 반지름의 길이를 r 이라고 하면 지름의 길이는 $2r$ 이므로

$$\pi = \frac{l}{2r}$$

이다.

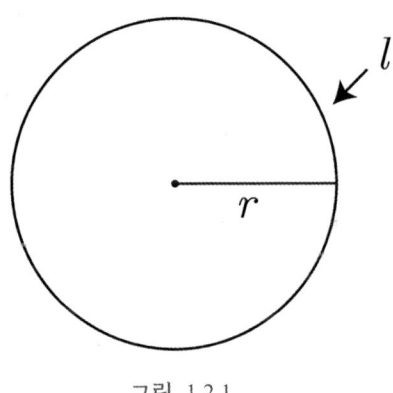

그림 1.2.1

우리가 알고 있는 원의 둘레의 길이를 구하는 공식 $l = 2\pi r$ 은 원주율의 정의 $\pi = \dfrac{l}{2r}$ 로부터 얻은 것이다.

그리스 문자 π 는 그리스어로 둘레를 뜻하는 단어의 첫 글자이다. 1,706년 윌리엄스가 처음 원주율을 π 로 표기하였는데, 표준으로 널리 사용하게 된 계기는 오일러의 저서 『무한수학 입문』이라고 알려져 있다.

원주율은 무리수이다. 간혹 원주율 값으로 $\dfrac{22}{7}$ 이라고 하는 경우

가 있는데, 원주율이 유리수인 $\dfrac{22}{7}$ 이라고 하는 것은 명백히 잘못된

것이다. 또 원주율 값으로 3.14라고 이야기하는 것 역시 잘못 이야

기하는 것이다. 3.14 역시 유리수이며 이는 원주율의 근삿값이다.

따라서 "원주율 값은 약 3.14이다."라고 하여야 한다.

원주율은 고대 이집트나 바빌로니아에서도 구하였던 것으로 알려

져 있다. 직접 바퀴를 굴려서 구한 값으로 $\dfrac{256}{81}$ (약 0.3160)이었다.

이는 $\dfrac{4}{3}$ 의 네 제곱이다.

기원전 250년 경 고대 그리스의 아르키메데스가 원에 내접하는

96각형을 이용하여 구한 값은 약 3.14163이었다. 이 값은 1,400

년 경 인도의 마다바가 무한급수를 이용한 방법을 창안하기까지 약

1,600년 동안 사용되었다. 인도에서는 4세기 원주율로 $3\dfrac{177}{1250}$ 을

사용하였는데 이는 3.1416이다. 이후 7세기 중국의 후한 시대에는

$\sqrt{10}$ 을 원주율로 사용하였는데 이는 약 3.16227766이다. 이보다

앞선 중국의 구장산술 기록에 의하면 정192각형을 이용하여 구한

원주율의 근삿값은 3.141592로 참값에 매우 가깝다. 원주율 값의

더욱더 정확한 근삿값을 구하는 시도는 마치 자릿수 경쟁처럼 계속

되어 중국, 인도, 유럽 등 곳곳에서 시도되었다. 1,800년 대까지 십

넌 이상 걸려서 구한 π의 소수점 자릿값들은 현재 개인 컴퓨터를 사용하면 일 분 정도면 충분히 계산할 수 있다.

1,776년 스위스의 람베르트(J. H. Lambert)가 π가 무리수임을 증명했고, 1,882년 독일의 린데만(F. Lindemann)이 π가 초월수임을 증명하여 원적 문제(원의 넓이와 같은 정사각형의 작도)의 작도 불가능성을 최종 증명했다.

> 참고
>
> 정수 계수를 갖는 다항 방정식의 해를 대수적 수라고 한다. 예를 들어 무리수 $\sqrt{2}$는 다항방정식 $x^2 - 2 = 0$의 해가 되므로 초월수가 아닌 대수적 수이다. 즉 π는 정수 계수를 갖는 어떤 다항 방정식의 해가 되지 못한다.

급수를 이용한 원주율의 계산

급수를 이용한 원주율의 계산 방법은 여러 가지가 알려져 있다. 여기서는 그중 가장 널리 알려진 방법 하나를 소개한다. 미분과 적분을 이용하면, $-1 \leq x \leq 1$인 x에 대하여

$$\tan^{-1}x = x - \frac{x^3}{3} + \frac{x^5}{5} - \frac{x^7}{7} + \frac{x^9}{9} - \cdots$$

이 성립함을 보일 수 있다. 이 식에 대한 유도과정은 연습문제로 남긴다. 여기서 $y = \tan^{-1}x$는 $-\frac{\pi}{2} < x < \frac{\pi}{2}$인 x에 대한 $y = \tan x$

의 역함수이다. $\tan\dfrac{\pi}{4}=1$ 이므로 $\tan^{-1}1=\dfrac{\pi}{4}$ 이다. 따라서 식

$$\tan^{-1}x = x - \frac{x^3}{3} + \frac{x^5}{5} - \frac{x^7}{7} + \frac{x^9}{9} - \cdots$$

에 $x=1$ 을 대입하면

$$\frac{\pi}{4} = 1 - \frac{1^3}{3} + \frac{1^5}{5} - \frac{1^7}{7} + \frac{1^9}{9} - \cdots$$

$$\pi = 4\left(1 - \frac{1}{3} + \frac{1}{5} - \frac{1}{7} + \frac{1}{9} - \cdots\right)$$

을 얻는다. 이 식에서 항의 개수를 많이 계산할수록 π 의 참값에 가까운 근삿값을 얻는다. 참고로 이 식은 수렴 속도가 매우 느리다. 이 식을 이용하여 우리가 사용하는 π 의 근삿값 3.14를 얻기 위해서는 2,000번째 항까지 계산하여야 한다. 이 식으로부터 π 가 무리수임을 알 수 있다.

반지름의 길이가 r 인 원의 넓이가 πr^2 이 된다는 것을 초등학교 6학년 때 도형을 이용하여 배웠다.

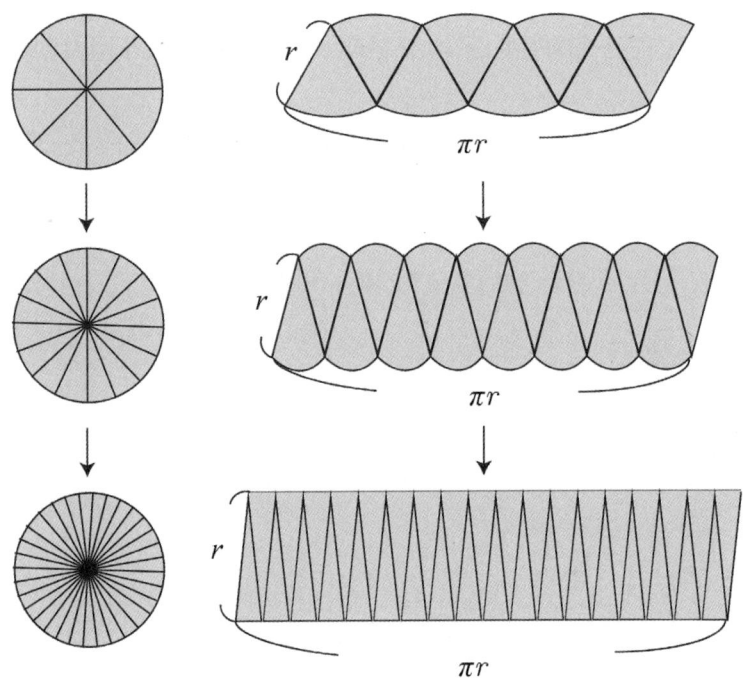

그림 1.2.2

적분을 이용하면 반지름의 길이가 r인 원의 넓이가 πr^2, 반지름의 길이가 r인 구의 부피가 $\frac{4}{3}\pi r^3$, 반지름의 길이가 r인 구의 표면적이 $4\pi r^2$이 됨을 보일 수 있다. 미분 또는 적분의 개념을 이용하면

$$(\frac{4}{3}\pi r^3)' = 4\pi r^2$$

인 관계를 설명할 수 있다. 구 모양의 풍선에 바람을 불어 넣는다고 하자. 반지름의 길이가 매초 1씩 일정하게 증가하는 구의 부피

$\dfrac{4}{3}\pi r^3$ 의 순간 변화율은 구의 표면적 $4\pi r^2$ 이다. 여기서 반지름 r 을

변수로 생각하여 r 에 관하여 부피를 미분학 식이 $(\dfrac{4}{3}\pi r^3)' = 4\pi r^2$

이다.

같은 이치로 원의 넓이의 r 에 대한 미분이 원주가 됨을 이해하여

보아라. 즉

$$(\pi r^2)' = 2\pi r$$

이다.

π 는 왜 $180°$ 인가?

원의 중심각이 왜 $360°$ 일까? 이 역시 지구와 태양의 관계에서
기인한 것으로 이해된다. 고대 바빌로니아에서 태양이 뜨는 위치를
관찰한 결과 매일 조금씩 차이가 나는 것을 알아냈다. 관찰을 계속
한 결과 360 일이 지나면 다시 같은 위치에서 태양이 뜬다는 것을
알게 되었다. 이 사실을 토대로 일 년을 360 일로 생각하였고, 또
원의 중심각을 $360°$ 로 정하게 되었다고 알려져 있다. 60 분법이라
고 하는 이 단위는 수학에서 삼각함수를 비롯한 함수에 쓰일 때 매
우 불편함을 초래한다. 이런 불편을 해소하기 위해 수학자들이 새로
운 단위를 고안한다.

호도법

반지름이 r인 원에서 호의 길이가 반지름 r인 부채꼴의 중심각을 1라디안(radian)이라고 정의한다.

이 라디안을 단위로 각의 크기를 나타내는 방법을 호도법이라고 한다. 즉 호의 길이를 이용하여 중심각의 크기인 각도를 나타내는 방법이 호도법이다.

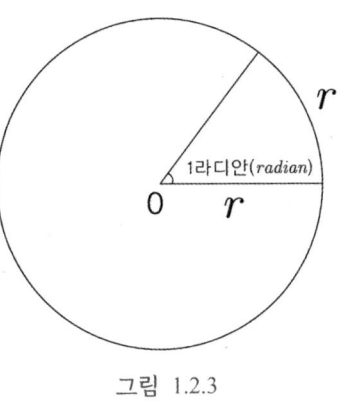

그림 1.2.3

1라디안의 크기는 원의 크기 관계없이 항상 일정하다. 호도법 정의에 의하면 호의 길이가 반지름의 두 배와 같은 호에 대한 중심각은 2라디안이다. 원의 둘레 길이는 $l = 2\pi r$이다. 여기서 원의 둘레의 길이는 반지름 길이 r의 2π배이다. 원의 둘레 전체를 호로 생각하면 그 중심각이 $360\,°$이고, 호도법으로 하면 원의 둘레가 r의 2π배이므로 2π라디안이다. 그러므로

$$2\pi \text{라디안} = 360\,°$$

가 된다. 그런데 각을 나타내는 라디안은 생략하여 사용하기 때문에

$$2\pi = 360\,°$$

의 식을 얻게 된다. 따라서 π는 $180\,°$이고 1 (라디안) 즉 1라디안은

$$1 = \frac{180}{\pi}$$

약 $57°17'45''$이다. 라디안을 생략하여 사용하기 때문에 식이나 문장에서 π를 보면 각을 의미할 때는 π라디안인 $180°$를 의미하며, 각이 아닌 숫자를 뜻하면 원주율인 약 3.14를 의미함을 알아야 한다. 마찬가지로 숫자가 각을 뜻하면서 '$°$' 표시가 없다면 라디안 각을 뜻함을 알아야 한다.

호의 길이가 반지름의 몇 배인가에 따라 부채꼴의 중심각을 라디안으로 표현하므로 이를 이해하면, 중심각이 x인 부채꼴의 호의 길이는 당연히 반지름의 x배인 xr이 된다.

01 $-1 < x < 1$에 대하여 무한등비급수

$$1 + x + x^2 + x^3 + \cdots$$

을 구하여라.

02 위 문제 01의 결과를 이용하여 $\dfrac{1}{1+x}$ 와 $\dfrac{1}{1+x^2}$ 을 무한등비급

수로 나타내어라.

03 $y = \tan x$의 미분을 구하여라.

04 $y = \tan x$의 역함수는 $x = \tan y$이고 이를 역함수의 기호를 이
용하여 $y = \tan^{-1} x$로 나타낸다. $x = \tan y$를 양변을 미분하여
y'을 구하여라.(힌트 : $\sec^2 y = 1 + \tan^2 y$이고 $x = \tan y$이다.)

05 $\displaystyle\int \frac{1}{1+x^2} dx = \int (1 - x^2 + x^4 - x^6 + \cdots) dx$를 구하고 양변에

적당한 x의 값을 대입하여 적분상수의 값을 정하여라.

06 $\tan^{-1} x = x - \dfrac{x^3}{3} + \dfrac{x^5}{5} - \dfrac{x^7}{7} + \dfrac{x^9}{9} - \cdots$의 식에 $x = 1$을 대입

한 식을 구하고 우변의 근삿값을 구하여 보아라.

1.3 자연대수 e ───── ·

원리합계와 이자의 계산

원금과 이자의 합을 원리합계라고 한다.

이자를 계산하는데 이용되는 이율은 원칙적으로는 연이율을 쓴다. 1억 원을 연이율 6%로 10년 동안 정기예금하였을 경우의 원리합계를 살펴보자. 예금 1년 뒤의 원금과 이자를 합하여

$$100,000,000 + 100,000,000 \times 0.06 = 100,000,000(1 + 0.06)$$

이 된다. 처음 예금한 때로부터 2년 뒤의 원리합계는 1년 뒤의 원리합계 금액인 $100,000,000(1 + 0.06)$을 원금으로 생각하여 원금과 1년의 이자를 더하여 계산하여야 하므로

$$100,000,000(1 + 0.06) + 100,000,000(1 + 0.06) \times 0.06$$

$$= 100,000,000(1 + 0.06)(1 + 0.06)$$

$$= 100,000,000(1 + 0.06)^2$$

이 된다.

같은 방법으로 3년 뒤의 원리합계 금액은 $100,000,000(1 + 0.06)^3$이 되고 10년 뒤의 원리합계금액은 $100,000,000(1 + 0.06)^{10}$이 된다.

위의 계산에서 이자는 1년 단위로 하여 계산하였다. 이와 같은 이자 계산법을 복리 계산법이라고 한다.

참고 : 이자 계산법에서 주의사항

1. 이자 계산 단위 기간이 달라도 이율은 항상 연이율로 이야기한다. 이자를 1개월 단위로 계산 때 또는 6개월 단위로 계산할 때도 이율은 1년 단위로 말한다. 다만 개인 사이에서 이율을 월 단위로 이야기할 때도 있지만 이는 어디까지나 개인적 거래에 한정한다.

2. 만일 연이율 20%로 6개월 단위로 100억 원을 예금하였다면 1년 뒤 얼마일까? 계산법에 의하면 1년은 6개월이 2번이고 6개월 이율은 $\frac{20}{2} = 10\%$이므로

$$100억(1 + \frac{0.2}{2})^2 = 121억$$

이다. 그러므로 이렇게 계산하는 경우 실제로는 연이율 21%와 같다.

예제 1 연이율 10%로 3개월마다 복리로 5년 동안 예금하였을 때, 원리합계는 원금의 몇 배인가. 단 $\log 1.025$의 근삿값은 0.0107, $\log 1.637$의 근삿값은 0.2140으로 계산하여라.

풀이▶ 1년은 3개월이 4번이다. 연이율 10%로 3개월마다 복리로 계산할 때는 현재 3개월마다 $\frac{10}{4} = 2.5\%$로 계산을 하고 있다. 원금을 A원이라고 하자. 5년은 3개월이 20번이므로 5년 후에는 $A(1 + \frac{0.1}{4})^{20} = A(1 + 0.025)^{20}$원이 된다. 이는 A의 $(1 + 0.025)^{20}$배이다.

$$\log (1+0.025)^{20} = 20\log (1+0.025)$$
$$= 20 \times 0.0107$$
$$= 0.2140$$
$$= \log 1.637$$

이므로 약 1.637 배이다.　■

은행에서의 이자 계산

만일 1억 원을 은행에서 대출을 받고 같은 금액을 같은 금리로 은행에 저축하였다면 손해가 없을까? 두 가지 경우 똑같은 연이율 6%로 계산하기로 하자. 은행에서 대출받으면 매달 이자를 내야 한다. 그러나 예금을 하면 은행에서 1년 동안 이자를 예금자에게 두 번 지급한다. 따라서 대출 1년 후 내가 갚는 금액은 연이율 6%를 1개월 단위로 계산한 이율 $\frac{6}{12}=0.5$%의 12개월 동안의 원리합계

$$100{,}000{,}000(1+0.005)^{12} = 106{,}387{,}455 \text{ 원}$$

이다. 반면에 1년 동안 같은 이율로 은행에 예금 1억 원의 예금액은 연이율 6%를 6개월 단위로 계산한 이율 $\frac{6}{2}=3$%의 1년 동안의 원리합계

$$100{,}000{,}000(1+0.03)^{2} = 109{,}272{,}700 \text{ 원}$$

이다. 따라서 같은 연이율 6%로 같은 금액 1억 원을 은행으로부터 대출을 받아 예금하면

$$109{,}272{,}700 - 106{,}387{,}455 = 2{,}885{,}245 \text{원}$$

만큼 손해가 난다.

자연대수 e

자연상태의 이상적인 조건에서 개체 수의 증가와 감소는 모두 지수 함수로 나타난다. 예를 들어서 매일 개체 수가 두 배로 증가하는 박테리아의 x일 후의 개체 수를 y라고 하면 x일 후 이 박테리아의 개체 수는 처음 개체 수의 y배인데 여기서

$$y = 2^x$$

로 나타난다. 이런 지수적인 증가와 감소는 방사성 물질, 탄소 연대 측정, 이자의 계산뿐만 아니라 사회적 현상의 관찰에서도 나타난다. 통계영역의 정규분포 역시 밑수가 자연대수 e인 지수 함수로 나타난다. 지수 함수에서 밑수는 증가 또는 감소의 속도에 따라서 결정된다. 지수는 증가 감소의 기간에 따라 결정되는데 밑수와 지수는 서로 독립되지 않고 상호 관련이 있다. 지수 함수에서 왜 밑수 e가 필요한지 또 이떻게 e를 밑수로 하는 지수 함수로 나타나는지 살펴보자.

앞서 원리합계 계산에서 설명하였던 내용을 다시 보자. 개인 간에 거래에 있어서 가장 일반적으로 통용되는 이자 계산은 1개월 단위로 이다. 연이율 6%와 같게 되는 1개월 단위 복리 이율을 r이라 하고 식을 구하여 보자. 원금을 A라 하면 1년 뒤의 원리합계금액은 두 가지 방법으로 계산할 수 있다. 먼저 월 단위로 계산하자. 연이율이 r이므로 월 단위 이율은 $\frac{r}{12}$이 된다. 이자 계산을 월 단위

로 하든 연 단위로 하든 이율은 연이율 이야기해야 함에 주의하자.
그러므로 원리합계는

$$A\left(1+\frac{r}{12}\right)^{12}$$

가 된다. 한편, 연이율 6% 로 연 단위로 계산하면 $A\left(1+0.06\right)$ 이고
이 두 값이 같아야 하므로

$$A\left(1+\frac{r}{12}\right)^{12}=A\left(1+0.06\right)$$

이 되어 $\left(1+\frac{r}{12}\right)^{12}=\left(1+0.06\right)$ 를 얻는다. 이 식을 만족하는 r 값
이 연이율 6% 에 해당하는 월 단위 연이율이다.

 같은 방법으로 일 년을 365 일로 하여 일일 단위로 계산하면 식

$$\left(1+\frac{r}{365}\right)^{365}=\left(1+0.06\right)$$

을 얻는다. 그런데 박테리아 증식은 단 몇 분 사이에도 굉장한 증
식을 일으키며 방사성 물질의 화학 반응 역시 불과 몇 초 사이에
엄청난 변화를 일으킨다. 이러한 현상을 설명하는 수학적 모델의 식
은

$$\lim_{n\to\infty}\left(1+\frac{r}{n}\right)^{n}=\left(1+0.06\right)$$

으로 표현된다. 여기서 $\lim\limits_{n\to\infty}\left(1+\frac{1}{n}\right)^{n}$ 의 값은 수렴하고 그 수렴하는
값은 무리수로 알려져 있다. 이때 수렴 값을

$$\lim_{n \to \infty}(1+\frac{1}{n})^n = e$$

로 나타내며, e를 자연대수라고 부른다.

위의 식 $\lim_{n \to \infty}(1+\frac{r}{n})^n = (1+0.06)$에서

$$\lim_{n \to \infty}(1+\frac{r}{n})^n = \lim_{n \to \infty}(1+\frac{r}{n})^{\frac{n}{r}r} = e^r$$

이 되어 $e^r = 1.06$을 만족하는 r의 값이 연이율 6%에 해당하는 연속 이율(연이율)이라고 한다.

참고로 $\lim_{n \to \infty}(1+\frac{1}{n})^n = \lim_{n \to \infty}(1+\frac{r}{n})^{\frac{n}{r}}$이 성립한다.

생물의 개체 수의 증가 감소 같은 자연현상뿐만 아니라 교통량의 증가 같은 사회현상은 시간에 따른 변화는 자연 대수 e를 밑수로 하는 지수 함수로 나타난다.

자연대수 e의 값은 무한급수를 이용하여 구할 수 있다. 다음 식을 살펴보자. 모든 실수 x에 대하여

$$e^x = 1 + \frac{1}{1!}x + \frac{1}{2!}x^2 + \frac{1}{3!}x^3 + \frac{1}{4!}x^4 + \cdots$$

가 성립한다. 이식의 양변에 $x = 1$을 대입하면

$$e = 1 + \frac{1}{1!} + \frac{1}{2!} + \frac{1}{3!} + \frac{1}{4!} + \cdots$$

임을 얻는다. 예를 들어 이 급수에서 여섯째 항까지만 계산을 하여 e의 근삿값을 계산하면

$$e \approx 1 + \frac{1}{1!} + \frac{1}{2!} + \frac{1}{3!} + \frac{1}{4!} + \frac{1}{5!}$$

$$\approx 2.7167$$

을 얻는다.

만일 $f(x) = e^x$ 가 무한급수로 표현된다고 하자. 즉
$$e^x = a_0 + a_1 x + a_2 x^2 + a_3 x^3 + a_4 x^4 + \cdots$$
라고 하자. 이제 이 식의 우변의 계수를 구하여 보자.

01 $f(0)$을 이용하여 a_0을 구하여라.

02 식 $e^x = a_0 + a_1 x + a_2 x^2 + a_3 x^3 + a_4 x^4 + \cdots$ 양변을 미분하여라.
$f'(0)$을 이용하여 a_1을 구하여라. $f(x) = e^x$의 미분은 자기
자신이다. 즉 $f'(x) = e^x$ 이다.

03 위 문제 02의 과정을 반복하여 a_n을 구하여
$$e^x = 1 + \frac{1}{1!}x + \frac{1}{2!}x^2 + \frac{1}{3!}x^3 + \frac{1}{4!}x^4 + \cdots$$임을 확인하여라.

04 식 $e^x = 1 + \frac{1}{1!}x + \frac{1}{2!}x^2 + \frac{1}{3!}x^3 + \frac{1}{4!}x^4 + \cdots$의 양변에 $x = 1$
을 대입하고 e의 근삿값을 구하여 보아라.

1.4 무한대 이야기 ──── ·

우리가 무한대를 처음 접하는 때는 아마도 수열 단원일 것이다. 막연히 매우 크다는 의미로 알고 있다. 사실 잘 생각해 보면 무한대의 정의가 생각이 나지 않을 것이다. 사실 고교 과정에서 무한대는 무정의 용어이다. 어떠한 조건을 만족해야 무한대라고 한다고 정의하지 않았다. 다만 고등학교 수열 단원에서 어떠한 자연수보다 크다는 성질을 기호로 ∞로 나타내고 무한대라고 하였다.

일부 고등학교 교과서에 소개된 독일의 수학자 힐베르트(David Hilbert, 1862~1942)의 이야기를 살펴보기로 하자. 힐베르트는 지구가 아닌 무한한 우주에 있는 호텔에 대한 설명을 다음과 같이 하였다.

이 호텔에는 무한개의 방이 있다. 어느 날 호텔에 한 손님이 찾아왔는데 방이 무한개 있음에도 불구하고 방마다 모두 투숙객이 있어 빈방을 내줄 수 없었다.

그런데 호텔 종업원인 힐베르트는 잠시 생각하였다. 각 방에는 1번부터 번호가 매겨져 있는데 힐베르트는 방으로 올라가 모든 투숙객에게 방 번호가 하나 큰 옆방으로 한 칸씩 이동해주길 부탁했다. 투숙객들은 모두 옆방으로 옮겼고, 새로 온 손님은 비어 있는 1호실로 들어갔다. 무한대에 1을 더해도 여전히 무한대이기 때문이다.

그런데 다음 날 손님들이 무한대만큼 새로 도착했고 방은 모두 차 있었다. 힐베르트는 이번에 투숙객들에게 묵고 있는 방의 번호에 2를 곱해서 그 번호에 해당하는 방으로 옮겨주길 부탁했다. 그래서

1호실 손님은 2호실로, 2호실 손님은 4호실로, 3호실 손님은 6호실로, … 이동했다.

모든 방 손님들이 이동하고 호텔에는 1호실, 3호실, 5호실, …… 등 모든 홀수 번호의 무한개의 빈방이 생겼다. 힐베르트의 호텔에 새로 도착한 무한대의 손님들은 홀수 번호에 붙어 있는 무한개의 방으로 모두 배정되었다. 무한대에 2를 곱해도 여전히 무한대이기 때문이다.

힐베르트의 우주에 있는 호텔 이야기는 언뜻 들으면 그럴듯하기도 하고 다른 한편으로는 한쪽이 다른 쪽보다 많은데 생각하면 틀린 이야기 같기도 하다. 이 이야기를 다른 방법으로 검증하여보자.

두 집합을 생각하여보자.

두 집합 $N = \{1, 2, 3, 4, \cdots\}$, $N_1 = \{2, 3, 4, 5, \cdots\}$

의 원소 개수를 비교하여 보자. 이 두 집합에서 집합 N_1은 자연수의 집합 N에서 원소 한 개 1을 제거하여 얻은 집합이다. 그럼에도 불구하고 힐베르트에 따르면 두 집합의 원소 개수는 같아야 한다. 이제 집합 N_1의 원소의 개수가 집합 N의 원소 개수와 같다는 것을 확인하기 위하여 원소의 표현을 바꾸고 다시 세어 보자.

$$N_1 = \{1+1, 2+1, 3+1, 4+1, \cdots\}$$

이들 두 집합 사이에 일대일 대응이 존재한다.

$$f : N \to N_1$$

$$f(n) = n+1$$

이제 두 집합 $N = \{1,\ 2,\ 3,\ 4,\ \cdots\}$와 $N_1 = \{2,\ 3,\ 4,\ 5,\ \cdots\}$의 원소 개수가 같다는 것이 믿어지는가? 집합 N_1이 집합 N의 진부분집합임에도 불구하고 두 집합의 원소 개수는 같다. 이런 현상은 두 집합이 모두 원소의 개수가 무한대이기에 발생하는 현상이다.

이번에는 힐베르트의 두 번째 이야기를 대응을 통하여 살펴보자. 자연수 집합 $N = \{1,\ 2,\ 3,\ 4,\ \cdots\}$에 대하여 짝수의 집합을 $2N = \{2,\ 4,\ 6,\ 8,\ \cdots\}$으로 나타내어 보자. 과연 이 두 집합 N과 $2N$의 원소의 개수는 같은가? 집합 $2N$은 집합 N의 원소 중 무한 개를 제거하여 얻은 집합으로 생각한다면, 집합 $2N$의 원소 개수는 집합 N의 원소 개수보다 작다고 생각할 수도 있다. 그러나 집합의 원소 개수는 어떤 원소를 갖고 있는가의 문제가 아니라 개수 관점에서 헤아려야 한다. 이제 집합 $2N$의 원소를 헤아리기 쉽게 표현하여보자.

$$2N = \{1 \times 2,\ 2 \times 2,\ 3 \times 2,\ 4 \times 2,\ \cdots\}$$

임을 알면 이 집합의 원소 개수는 자연수의 집합 N의 원소 개수와 같다.

정수의 집합 $Z = \{\cdots,\ -3,\ -2,\ -1,\ 0,\ 1,\ 2,\ 3,\ \cdots\}$의 원소 개수와 자연수 집합 N의 원소 개수는 같을까? 답은 예이다. 이를 확인하는 것은 연습문제로 남긴다.

한발 더 나아가 보자. 자연수 집합 N의 원소 개수와 집합

$$N \times N = \{(n,\ m) \mid n.m \in N\}$$

의 원소 개수를 비교하여 보자. 집합 $N \times N$의 원소를 나열하면

$$(1, 1), (1, 2), (1, 3), (1, 4), \cdots$$
$$(2, 1), (2, 2), (2, 3), (2, 4), \cdots$$
$$(3, 1), (3, 2), (3, 3), (3, 4), \cdots$$
$$(4, 1), (4, 2). (4, 3), (4, 4), \cdots$$
$$\cdots$$

이다. 따라서 집합 $N \times N$의 원소 개수는 가로로 자연수와 같은 개수이고 이 전체를 다시 세로로 자연수의 개수만큼 늘어놓았다. 다시 설명하면 집합 $N \times N$의 원소 개수는 자연수 개수와 자연수 개수를 곱한 수 만큼이다. 그런데 이 집합 역시 자연수 집합의 원소 개수와 같다. 이 집합의 원소 자연수 집합의 원소 개수와 같다는 걸 확인하기 위해 순서를 바꾸어 차례대로 나열하여 보자.

$$(1, 1), \rightarrow (1, 2), (1, 3), (1, 4), (1, 5) \cdots$$
$$(2, 1), (2, 2), (2, 3), (2, 4), \cdots$$
$$(3, 1), (3, 2), (3, 3), (3, 4), \cdots$$
$$(4, 1), (4, 2). (4, 3), (4, 4), \cdots$$

$(1, 1),\ (1, 2),\ (2, 1),\ (1, 3),\ (2, 2),\ (3, 1),\ (1, 4),\ (2, 3),\ \cdots$

이렇게 나열하면 집합 $N \times N$의 모든 원소를 빠짐없이 또 중복 없이 나열할 수 있다. 그러므로 집합 $N \times N$의 원소 개수는 자연수 집합 N의 원소 개수와 같다.

그렇다면 이쯤에서 떠오르는 질문 하나! 자연수 집합보다 원소 개수가 더 많은 집합이 존재하는가? 이 답을 처음 연구한 수학자는 게오르크 칸토어(Georg Cantor, 1845~1918)이다. 그는 집합론을 연구했는데 무한의 개념을 설명하기 위해서였다. 그는 집합 사이의 일 대일 대응을 중요하게 생각했고 계속된 연구로 자연수 개수보다 실수의 개수가 훨씬 많음을 증명해냈다.

안타깝게도 그 당시의 수학자들에게는 비난의 대상이 되었고, 그리하여 칸토어는 홀로 수많은 비판자와 싸워야 했으며 결국은 정신 병원에서 사망했다. "수학의 본질은 자유에 있다."라고 말한 칸토어 처럼 상식을 뒤집어 생각을 전환할 때 위대한 발견을 할 수 있다.

집합 $I = [0, 1] = \{x \mid 0 \le x \le 1\}$의 원소 개수는 자연수 집합 N의 개수보다 많다. 따라서 무한대라고 해서 다 같은 무한대가 아니라는 것이다. 사실 자연수 집합과 원소 개수가 같게 되려면 원소를 빠짐없이 나열할 수 있어야 하는데 집합 I의 원소는 차례대로 나열하는 것은 불가능하다. 이를 엄밀하게 보이기 전에 언 듯 생각 하여보아도 집합 I의 0 다음으로 작은 숫자를 찾을 수가 없다. 만일 누군가가 0 보다 더 큰 실수 중 가장 작은 수를 찾았다고 하자.

그 수를 a라고 하면 $\dfrac{a}{2}$ 역시 0 보다 더 큰 수이다. 그런데 $\dfrac{a}{2}$ 는

a 보다 작으므로 a가 0 보다 큰 실수 중 가장 작다고 하였으므로 모순이다. 따라서 0 보다 큰 실수 중 가장 작은 수는 존재하지 않는다. 집합 I의 원소 개수가 자연수 집합 N의 개수보다 많다는 증명은 힌트와 함께 연습문제로 남긴다.

집합을 이용하면 무한대를 정의할 수 있다.

●●● 정의 1

집합과 그 집합의 진부분집합의 원소 개수가 같을 때 이 집합의 원소 개수를 무한대라고 한다.

●●● 정의 2

자연수 집합과 원소 개수가 같은 집합의 원소 개수를 $\aleph_0$ (알레프 제로) 라고 한다.

●●● 정의 3

실수 집합과 원소 개수가 같은 집합의 원소 개수를 $\aleph$ (알레프)라고 한다.

참고 1

유한 집합이 아닌 집합으로써 원소 개수가 가장 적은 집합은 자연수 집합이고 그 개수는 $\aleph_0$ 이다.

참고 2

자연수 집합 N보다 원소 개수가 많은 집합 중 원소 개수가 가장 적은 집합은 실수 집합 R이고 그 개수는 $\aleph$ 이다.

참고 3

실수의 집합보다 원소 개수가 더 많은 집합도 무수히 많다.

01 정수의 집합 $Z = \{\cdots, -3, -2, -1, 0, 1, 2, 3, \cdots\}$의 원소 개수와 자연수 집합 N의 원소 개수는 같음을 설명하여 보아라.

02 만일 집합 $I = [0, 1] = \{x \mid 0 \leq x \leq 1\}$의 원소를 나열할 수 있다고 하고 그 원소들을

$$x_1, x_2, x_3, x_4, \cdots$$

이라고 하자. 그런데 $0 \leq x_1, x_2, x_3, x_4, \cdots \leq 1$이므로 $x_1, x_2, x_3, x_4, \cdots$은 소수점으로 표현할 수 있다.

$$x_1 = 0.a_{11}a_{12}a_{13}a_{14}\cdots$$

$$x_2 = 0.a_{21}a_{22}a_{23}a_{24}\cdots$$

$$x_3 = 0.a_{31}a_{32}a_{33}a_{34}\cdots$$

$$x_4 = 0.a_{41}a_{42}a_{43}a_{44}\cdots$$

$$\cdots$$

여기서

$$a_{11}, a_{12}, a_{13}, a_{14}, \cdots \in \{0, 1, 2, 3, 4, 5, 6, 7, 8, 9\}$$

$$a_{21}, a_{22}, a_{23}, a_{24}, \cdots \in \{0, 1, 2, 3, 4, 5, 6, 7, 8, 9\}$$

$$a_{31}, a_{32}, a_{33}, a_{34} \cdots \in \{0, 1, 2, 3, 4, 5, 6, 7, 8, 9\}$$

$$a_{41}, a_{42}, a_{43}, a_{44}, \cdots \in \{0, 1, 2, 3, 4, 5, 6, 7, 8, 9\}$$

$$\cdots$$

이다. 이제

$$b_1 \neq a_{11},\ b_2 \neq a_{22},\ b_3 \neq a_{33},\ b_4 \neq a_{44},\ \cdots,$$

$$b_1,\ b_2,\ b_3,\ b_4,\ \cdots \in \{0,\ 1,\ 2,\ 3,\ 4,\ 5,\ 6,\ 7,\ 8,\ 9\}$$

에 대하여

$$y = 0.b_1 b_2 b_3 b_4 \cdots$$

라고 하면 $y \in I$이다.

(1) $y \neq x_1$ 임을 설명하여라.

(2) $y \neq x_2,\ y \neq x_3,\ y \neq x_4 \cdots$ 임을 설명하여라.

(3) 위의 (1), (2)의 결과로부터 집합 I의 원소를 나열할 수 없음을 설명하여라.

(4) 위의 (3)의 결과로부터 집합 I의 원소 개수는 자연수 집합 N의 원소 개수와 같을 수 없음을 설명하여라.

03 실수의 집합 R의 원소 개수와 평면 집합

$R^2 = \{(x,\ y) \mid x,\ y \in R\}$ 의 원소 개수가 같은지 추측하여라.

04 R^2 의 원소 개수보다 더 많은 원소 개수를 갖는 집합이 존재하는지 추측하여라.

1.5 추상 수학 ─────── ·

우리가 사용하는 수학이란 용어는 한자어다. 한자어 수학(數學)을 풀어서 설명하면 '수(數)에 관한 학문(學)'이다. 수학은 영어로 mathematics인데 고대 그리스 시대의 mathematics는 '배움의 기술'이란 의미라고 한다. 수학이라는 뜻을 엄밀하게 정의하려는 무수한 시도는 모두 결과 없이 끝났다. 이는 어떤 영역이든 논리적인 완전체를 가질 수 없기 때문이다. 아주 오래 전에는 수학의 영역을 수를 가지고 다룰 수 있는 영역에 한정하였을 수도 있었겠지만, 요즈음은 수학의 영역을 어디까지인지 말하기 어렵다.

고대 수학자는 철학자이며 수학자였다. 그 당시에는 학문의 영역이 분명하게 나누어지지 않았었다. 세월이 흐르면서 철학과 수학이 분리되고, 수학과 물리학이 분리되었다. 전산, 컴퓨터, 암호학, 논리학, 통계학처럼 수학으로부터 발전되어 독립된 학문은 여러 분야에 걸쳐있다. 공학, 경제학 등 수학과 관련된 영역뿐만 아니라 때론 관련이 없어 보이는 영역조차 공부하다 보면 종종 수학적 전문지식이 필요하여 수학을 공부하게 된다. 이때 부딪히는 장벽이 추상 수학이다. 추상 수학이란 무엇인가?

추상 대수 영역의 군 이론(group theory)이나 위상 수학(topology) 등 처음 대했을 때 충격적으로 다가온 수학의 영역들은 수도 없이 많다. 이런 영역의 수학은 왜 탄생했으며 어디에 활용할 수 있는가? 또 어떻게 탄생하는가? 왜 이런 정의를 하는지 납득가지 않는데 참으며 공부하다 보면 알게 되는가? 이런 의문은 추상 수학을 공부해야 하는 사람은 누구나 가져보았을 것이다. 수학 전공자에게도 추상 수학은 공부를 계속하기 위해서 극복해야 하는 큰 장벽인데 하물며 비전공자들이 느끼는 오를 수 없는 절벽을 대하는 느낌 같은 충격은 미루어 짐작할 뿐이다.

초등학교 때 배우는 수학은 대부분 숫자와 직접 연결된다. 중학생이 되어 수학 수업 중 집합이란 단원을 처음 대했을 때 생소함은 지금도 기억이 뚜렷하다. 집합이 수학인가 하는 의문은 쉽게 떠나지 않았다. 대학에서 수학을 전공했다. 2학년이 되어 집합론이라는 과목을 공부하게 되었는데 놀랍게도 집합을 두 학기 동안이나 배웠다. 집합이 수학이구나 하고 생각이 확실하게 든 것은 집합 이론으로 무한대가 깨끗하게 설명되는 것을 알고부터이다.

수학을 전공하는 대학생에게도 추상 수학은 충격으로 다가온다. 대부분 대학교 3학년 때 배우는 추상 대수(abstract algebra)와 위상 수학(topology)이 대표적이다. 이런 과목에서 배우는 정의는 수학 전공자에게조차 자연스럽게 납득가는 것도 아니고 쉽게 받아들여지지도 않는다. 그렇다면 추상 수학이 무엇일까? 추상 수학도 실용적인 활용이 되나?

뜻밖이라고 하겠지만 우리는 어릴 때부터, 아니 수학을 처음 배울 때부터 추상 수학을 배워왔다. 수학을 공부하며 처음 대하는 숫자에 대하여 찬찬히 분석하여보자. 우리는 지금까지 수 1의 정의가 무엇인지 스스로 물어본 적이 있는가? 아마도 아무도 없지 않을까?

사람이 1명, 사과가 1개, 책 1권을 생각하여보자. 모두 1을 사용하였는데 사람, 사과, 책 사이에는 어떤 관련성이 없다.

그림 1.5.1

다만 개수가 1이라는 공통점만 있을 뿐이다. 어떤 대상이든 개체의 수가 1이면 모두 1을 사용할 수 있다. 그러니까 세상에 존재하는 모든 개체에서 1이라는 추상적 개념을 추출한 것이다. 우리가 인지하지 못했을 뿐 지금까지 사용하던 수가 추상 수학이다.

수 1이 추상적인 개념이라는 걸 이해하였다면 방정식에서 미지수 x 역시 추상적인 개념으로 이해할 수 있을 것이다. x의 대상이 책상의 수를 나타낼 수 있기도 하고 다른 어떤 것이든 상관이 없기 때문이다. 곰곰이 생각하여보면 우리는 우리도 모르는 사이에 이미 추상 수학을 공부해왔다.

그런데 왜 대학교 수학과에서 배우는 추상 수학은 그토록 충격으로 다가오는가? 이에 대한 설명은 쉽게 할 수가 없다. 만일 초등학생이 미분이 뭐냐고 묻는다면 어찌 설명할 수 있나? 같은 고등학생도 물체의 위치, 순간 움직임 등에 대한 이해가 잘 되어있는 학생이라면 미분은 처음부터 쉬울 수도 있다. 반면에 미분을 배우고도 현실 세계와 연결을 전혀 하지 못한다면 미분은 많은 공부를 하였다 하여도 어려울 수 있다.

대학교에서 배우는 추상 수학이 그토록 어렵고 충격적인 이유를 비전공자에게 설명하기는 쉽지 않다. 우리가 평소 생활하면서 초등학교에서 배운 수학은 현실에서 대상과 쉽게 대응시킨다. 반면에 대학에서 배우는 추상적 개념은 현실과 연결시키는 수준까지 도달하기가 상대적으로 어렵고 오랜 기간에 걸친 노력이 필요하다. 추상 수학은 현실 세계에 어떻게 적용되고 쓰이는지 알기까지 미분에 비하면 엄청나게 많은 공부를 동반해야 한다. 수학을 전공하지 않은 사람에게 한마디로 설명할 수 있다면 그 분야가 그렇게 어렵진 않았을 것이다. 추상 수학도 현실적인 문제를 해결하고자 탄생한다. 사실 수학을 잘하는 학생과 그렇지 못한 학생 차이점 중 하나가 개념을 현실에 얼마나 쉽게 연결하는지 여부이다.

추상 수학은 어떻게 탄생하나?

한 수학자가 1차원인 직선상의 양 끝점이 없는 구간인 열린 구간에 관하여 연구하고, 2차원인 평면상에서 테두리가 없는 열린 영역에 관하여 연구를 하였다. 또 3차원 공간상에서도 표면이 없는 입체에 관하여 연구를 하였다. 이 학자가 차원과 관계없이 이들이 갖는 공통적인 성질들을 찾아냈다. 그리고는 거꾸로 이 성질들을 조건들이라 하고 이 조건들을 만족하는 어떤 대상이든 이들을 열린 집합이라고 정의하였다고 하자. 따라서 열린 집합 정의를 1차원 직선상에 적용하면 열린 구간이 되고 2차원 평면상에 적용하면 열린 영역이 된다. 이때 자신이 열린 집합의 정의에 사용한 조건 중 한 조건만 빼도 열린 집합이 되지 못함을 확인하여 이 조건들이 모두 필요함을 확인한다. 자신이 정의에 사용한 조건이 열린 집합을 추상적으로 정의하는데 모두 필요한 조건들이며 이 조건들만 만족하면 1차, 2차, 3차원 공간에서 열린 집합을 모두 묘사할 수 있다.

이렇게 추상적으로 정의를 하면 1차원의 열린 구간을 정의하고 2차원에서의 열린 영역을 정의하는, 즉 구체적으로 각각의 경우마다 정의할 필요가 없어진다. 이제 이 학자는 그림으로 그릴 수 없는 4차원이나 다른 공간에서도 이 성질을 만족하는 대상을 열린 집합이라고 정의하고 기존에 알고 있던 사실과 맞아떨어지는지 또 기준에 풀지 못하던 4차원 문제의 해결을 할 수 있는지 등을 연구한다. 연구 결과 좋은 결과가 연이어 나오면 이 분야는 계속 발전을 하고 수학의 한 분야로 자리 잡는다.

추상적인 성질을 어떻게 찾을까?

추상적인 성질을 어떻게 찾는지 여기서 설명은 어렵다. 우리가 이미 알고 있는 내용을 들여다봄으로써 어떻게 찾아야 하는지 살펴보기로 하자. 삼각형이 무수히 많이 있다고 하자. 그중 두 삼각형이 모양도 같고 크기도 같아서 하나를 이동하고 방향을 바꾸면 포개어질 수 있다고 하자. 우리가 생각하기에는 두 삼각형은 똑같다.

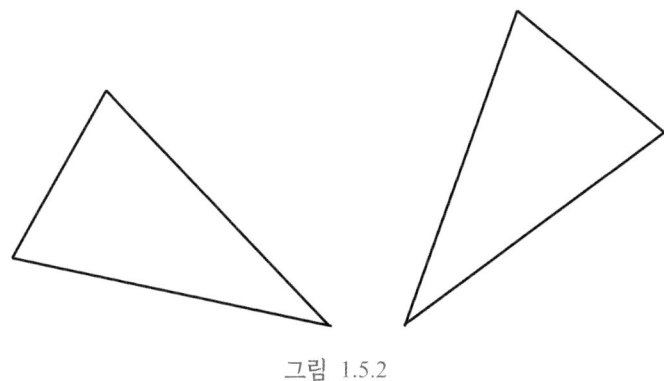

그림 1.5.2

그런데 "두 삼각형은 같다."라고 하지 않고 "두 삼각형은 합동이다."라고 한다. 왜일까? 두 삼각형의 위치도 다르고 놓인 방향도 다르니 두 삼각형이 같다고 말할 수가 없다. 그렇다면 합동이라는 의미는 어떻게 이해하여야 하나? 보고 싶은 것들이 같으면 합동이라고 한다. 즉 삼각형에서는 변과 각 만 보고 싶은데 합동인 두 삼각형에서 대응하는 변끼리 또 대응하는 각끼리 각각 같다는 의미이다.

추상 수학은 대상의 속성을 찾는 것으로 시작한다. 오래전 한 물리학자가 힘과 운동에 관한 연구를 한다고 하자. 연구하는 데 힘을 나타낼 필요가 있었다. 힘이 작용하는 현장에는 힘을 주는 사람이나 물체가 있고 힘을 받는 사람이나 물체가 있다. 그러한 현상이 일어나는 장소 역시 다양하다. 힘을 주고 결과가 나타나는 현상을 관찰하니 힘을 주거나 받는 사람이나 물체의 종류가 바뀌어도 결과에는 영향이 없음을 알아냈다. 장소 역시 결과와는 상관이 없다. 결과에 영향을 미치는 요소는 힘의 세기와 힘의 방향뿐이라는 사실을 알아냈다. 따라서 이 학자는 크기와 방향만을 나타내는 새로운 정의가 필요했다. 이를 벡터라고 정의한다. 벡터를 정의하고 나면 힘과 운동에서 나타나는 현상을 벡터의 연산으로 변환하여 정의한다. 벡터의 덧셈과 스칼라 곱의 정의이다. 이제 벡터에 내적과 외적을 정의하여 힘과 운동의 물리적 현상에서의 문제를 해결한다.

수학에서 공간이란?

수학 전공자가 아니면서 수학의 한 분야를 선택하여 공부하려면 어려움은 한둘이 아니다. 그 분야를 공부하기 위한 선수 과목의 숙지가 필수이다. 선수 과목을 어느 정도 알고 있다손 치더라도 새로운 영역의 공부를 시작하다 보면 용어가 낯설어 새로운 개념을 받아들이는 데 장애가 되기도 한다. 새로운 분야를 시작할 때마다 등장하는 용어가 공간이다.

수학을 전공자들은 수많은 공간을 공부하게 된다. 벡터 공간, 선형 공간, l^2 공간, L^p 공간, 위상 공간, 사영 공간 등이 몇 가지 예이다. 사실 생각해보면 유클리드 공간이라는 이야기는 들어보았을 것이다. 1차원, 2차원, 3차원 공간 모두를 지칭하는 유클리드 공간은 정의를 따로 하지 않고 사용하였다. 유클리드 공간은 유클리드 기하학을 마음대로 다룰 수 있는 공간으로 이해하면 된다. 벡터 공간 역시 같은 맥락으로 이해하는 것이 가능하다.

그렇다면 1차원, 2차원, 3차원 공간 모두를 언제나 유클리드 공간이라고 하나? 아니다. 같은 대상이라고 공간의 이름이 다를 수 있다. 비유클리드 기하학의 연구는 19세기 초에 유클리드 공리 가운데 하나를 부정함으로써 시작된다. 사영기하학은 사영으로 변하지 않는 도형의 성질을 다룬다. 이때 공간은 사영 공간이라고 부른다. 공간이란 연구하고 싶은 성질을 갖는 대상이다.

공간의 이해에 도움이 될만한 한 가지 부연 설명을 하겠다. 물리 전공자들은 벡터장이란 용어를 사용한다. 여기에서 장(場)은 마당이란 뜻으로 우리가 일상생활에서 자주 듣고 사용한다. 야구장, 농구장 등에서 장의 의미와 벡터장에서 장의 의미를 비슷한 맥락으로 이해할 수 있다. 야구장이란 야구에 관한 모든 행위가 행하여지는 공간인 것처럼 벡터장도 벡터에 대한 모든 현상이 행하여지는 공간으로 이해하면 무리가 없을 것이다. 따라서 수학에서 공간의 정의는 연구하고 싶은 대상(집합의 원소)과 이들 사이의 연산을 정의한 집합으로 이해할 수 있다.

01 다음은 벡터 공간의 정의이다. 정의를 읽고 물음에 답하여라.

집합 X에 대하여 두 연산

(i) 만일 $x \in X$, $y \in X$ 이면 $x+y \in X$이다.

(ii) 실수 λ와 만일 $x \in X$ 이면 $\lambda x \in X$이다.

이 정의되고, 8가지 성질

1) 집합 X의 두 원소 x와 y에 대하여 교환법칙
$$x+y=y+x$$

2) 집합 X의 세 원소 x, y, z에 대하여 결합법칙
$$(x+y)+z=x+(y+z)$$

3) 집합 X의 모든 원소 x에 대하여 $x+0=x$이 성립하는 0이 집합 X의 원소이다. (0을 덧셈의 항등원이라고 한다.)

4) 집합 X의 각 원소 x에 대하여 $x+y=0$이 성립하는 y가 집합 X의 원소이다.

   (여기서 $y=-x$라 하고 x의 덧셈의 역원이라고 한다.)

5) 두 실수 λ와 μ, 그리고 집합 X의 원소 x에 대하여
$$(\lambda+\mu)x=\lambda x+\mu x$$

6) 실수 λ와 집합 X의 두 원소 x, y에 대하여
$$\lambda(x+y)=\lambda x+\lambda y$$

7) 실수 λ 집합 X의 원소 x에 대하여
$$\lambda(\mu x)=(\lambda\mu)x$$

8) 실수 1과 집합 X의 원소 x에 대하여

$$1x = x$$

이 성립할 때 집합 X를 벡터 공간이라고 한다.

또 벡터 공간 X의 원소 x를 벡터라고 한다.

집합 $X = C([-1,\ 1])$는 닫힌 구간 $[-1,\ 1]$에서 연속인 함수의 집합이다.

(1) 집합 $X = C([-1,\ 1])$은 두 연산

 (i) 만일 $x \in X$, $y \in X$ 이면 $x + y \in X$이다.

 (ii) 실수 λ와 만일 $x \in X$ 이면 $\lambda x \in X$이다.

  이 정의 됨을 확인하여라.

(2) 집합 $X = C([-1,\ 1])$은 벡터 공간임을 확인하여라. 이때 벡터 공간의 원소인 연속함수를 벡터라고 한다.

$f,\ g \in C([-1,\ 1])$인 두 함수 $f,\ g$의 내적 $<f,\ g>$ 을

$$<f,\ g> = \int_{-1}^{1} f(x)g(x)dx$$

로 정의하자. 만일 $<f,\ g> = 0$이면 두 함수 $f,\ g$는 서로 수직이라고 한다.

(3) 함숫값이 0인 상수함수 0은 모든 벡터와 수직임을 보여라.

(4) 상수함수 1과 $f(x) = -2x$ 가 수직임을 보여라.

(5) 상수함수 1과 $f(x) = x^n$ 가 수직이 되도록 자연수 n의 조건을 찾아라.

(6) $f,\ g \in C([-1,\ 1])$인 두 함수 $f,\ g$의 거리를

$$d(f,\ g) = \sqrt{<f-g,\ f-g>}$$

로 정의한다. 또 $\|f\| = \sqrt{<f, f>}$ 를 함수 f의 크기라고 한
다. 만일 두 함수 f, g가 서로 수직이면 피타고라스 정리

$$\|f\|^2 + \|g\|^2 = \|f+g\|^2$$

임을 보여라.

1.6 수학으로 세상 보기 ─── ·

어떤 이들은 대학에서 수학을 학문적으로 연구하는 것을 기이하게 여기기도 한다. 수학을 수를 공부하거나 계산하는 도구로만 여기기 때문이다. 역사적으로 보면, B.C. 500년까지는 수학이 실제로 계산 도구에 불과했다. 하지만 지금은 수학이 우리가 사는 세상 대부분의 일과 연관이 있다. 일례로 수학은 우리가 매일 쓰는 스마트폰과 인터넷과도 깊은 관련이 있다. 그렇기에 수학을 단지 단순한 계산 방법으로 축소 시킨다면, 수학의 중요한 의의를 대부분을 놓치게 된다.

갈릴레오 갈릴레이는 "자연은 수학적 언어로 씌어진다."고 하였다. 그렇다면 수학은 조물주가 자연을 만들 때 사용한 언어를 읽어내는 과정으로 볼 수 있다. 캠브리지 대학의 물리학자 John Polkinhorne은 "수학은 물리적 세상의 자물쇠를 여는 추상적인 열쇠"라고 하였다. 실제로 수학은 분석 도구가 되어 "사물을 분해하여 그 작동방식을 이해하게끔 해"[1]준다. 이러한 의미에서 수학은 우리가 사는 세상과 사회에서 일어나는 현상의 질서와 법칙을 발견하고, 그 내용을 이성적으로 체계화하는 과정이라고 볼 수 있다. 이를 위해 수학은 현상의 패턴을 연구하여 이를 모델링하고 미래도 예측한다. 모델링이란 주어진 현상을 단순하면서도 효과적으로 설명할 수

---

1) [12], p.282

있는 추상화(abstraction)의 과정으로 표현하는 것을 말한다.

또한 수학은 표현수단이 되기도 한다. 이 점을 Keith Devlin은 다음과 같이 말했다.2)

교향곡의 악보에 그려진 음표와 기호를 우리는 음악이라고 말하지 않는다. 그 음표와 기호를 따라 연주할 때 음악이 드러나게 되고, 우리는 교향곡을 들으며 마음으로 아름다움을 느끼게 된다. 이때 악보에 그려진 것들은 음악을 종이에 표현한 것이다. 수학도 마찬가지이다. 종이에 쓰여진 기호와 숫자는 수학을 종이에 표현한 것에 불과하다. 이를 읽을 줄 아는 사람이 볼 때 추상적인 교향곡을 들을 수 있게 된다.

우리는 앞서 수학의 모델링을 통해 질서와 법칙을 발견한다고 말했다. 하지만 실제로는 이를 직관을 통해 이미 마음의 심상에서 아는 경우도 많다. 생물학 분야에서 노벨상을 받은 Babara McClintock은 이렇게 말했다.3) "문제를 풀다가 답이라고 할 만한 어떤 것이 갑자기 떠올랐다면, 그것은 말로 설명하기 전에 이미 무의식 속에서 해답을 구한 경우다." 물리학자 리처드 파인만도 "수학은 우리가 본질이라고 이해한 것을 표현하는 형식일 뿐이지 이해의 내용이 아니다."라고 하였다.4) 이와 같이 직관을 통해 얻어낸 것을 설명하기 위

---

2) [21], p.5

3) 로버트 루트번스타인, 미셸 루트번스타인, *생각의 탄생*, 박종성 역 (에코의 서재, 1999), p.22

해 사람들은 말이나 수학과 같은 합리적인 표현수단을 사용하게 된다. 수학은 타당성을 갖춘 합리적인 표현수단이다.

하지만 수학을 단지 분석 도구나 표현수단으로만 국한해서 생각하면 안된다. 역사적으로 인간 이성의 대표주자로서 논리적이고 타당한 결론을 추구하였던 수학은, 놀랍게도 인간 이성의 한계를 밝히 드러내는 일도 하였다. 즉, 인간의 이성이 근본적으로 한계가 있음을 부인할 수 없게 만들었다. 이는 매우 충격적인 사건으로, 수학은 '인간의 이성은 믿을 만한가?'라는 철학적 질문에 대해 분명한 부정적인 답을 제시하였다. 그 외에도 수학은 기하학 분야에서 기존의 세계관과 다른 세계가 있을 수 있음을 증명하였다. 이로 인해 인류가 생각하는 지평이 넓어졌고, 동시에 우주를 제대로 이해할 수 있게 되었다. 흔히 수학과 철학은 피타고라스 때까지만 함께 했고, 그 이후에는 서로 다른 길을 갔다고들 말한다. 하지만 실은 인류 역사 전체를 거쳐 수학과 철학 두 학문은, 인간 이성에 기반한다는 그 속성상 동반자의 운명이었다.

수학은 물리학, 경제학, 생물학, 행동과학, 제어시스템, 교육학, 심리학, 군사학, 정보학, 컴퓨터공학 등 다양한 과학의 분야에서 응용된다. 그 외에도 수많은 응용문제를 해결하는 분야에서 일하는 수학자나 과학자들이 많다.

반면, 대다수의 수학자들은 "거의 응용을 의식하지 않고 자기 분

---

4) 같은 책, p. 25

야의 체계 내에서의 질서와 미(美)를 추구한다. 여기서 질서란 합리
성을 말하고, 미(美)는 수학적 개념 위에 쌓인 지적인 구조물에 잠
재하는 질서를 뜻한다."[5] 이에 관해 영국 수학자 G.H. 하디(G.H.
Hardy, 1877~1947)는 다음과 같이 말했다.

화가나 시인과 마찬가지로 수학자가 만드는 패턴 또한 반드시 아름다
워야 한다. 색상이나 언어처럼 아이디어 역시 조화롭게 맞아떨어져야
한다. 아름다움이야말로 수학이 만족해야 할 첫 번째 자격요건이다.
추한 수학은 세상에서 있을 자리가 없다. 아름다운 시가 뭔지 정의하
기 어려운 것처럼 수학적인 아름다움을 정의하기란 어려운 일일 수
있다. 하지만 읽으면서 우리가 그 진정한 아름다움을 놓치는 일은 없
다.[6]

그림 1.6.1 줄리아 집합

5) [2], p.72
6) [21], p.9

이러한 의미에서 수학자들은 수학 자체의 아름다움을 추구하는 예술가 또는 건축가라고도 볼 수 있고, 수학은 예술이나 건축물에 비견될 수 있다. 수학이 시나 그림, 음악과 다른 한 가지 점이 있다면, 고도로 수학적으로 훈련되지 않으면 그 아름다움을 알아보기 어렵다는 점이다. 다행히 최근에는 컴퓨터 그래픽을 통해 수학에서 표현하는 아름다움을 조금은 맛볼 수 있게 되었다(그림 1.6.1 참조). 놀라운 사실은, 논리적 합리성과 미적 감각을 추구한 수학적 결과물이 기존에는 설명하지 못한 물리적 현상을 묘사하는 일도 적지 않다는 점이다.

지금까지 살펴본 것처럼, 수학은 분석 도구와 표현 도구가 되어 세상과 사회에서 일어나는 현상 이면의 보이지 않는 것을 보이게 하는 일을 한다(Making the invisible visible).[7] 또한 철학적 의미와 자체적인 아름다움을 추구하기도 한다. 이렇게 수학은 다양한 면모를 갖고 있다.

---

7) [21], p.10

01 차원이라는 개념을 수학적으로 표현해보자. 앞과 뒤만을 생각하는 1차원은 하나의 직선으로 표현할 수 있다. 앞뒤뿐만 아니라 양옆을 생각하는 2차원은 하나의 평면으로 표현할 수 있다. 여기에 위아래를 추가한 3차원은 하나의 공간으로 표현할 수 있다. 만약 2차원 평면에서만 사는 존재가 3차원 공간에 있는 사과를 인식하려고 한다면 어떤 일이 생기겠는가? 이제 3차원 공간에 시간이라는 차원을 더해서 4차원을 생각해 보자. 3차원에 있는 존재가 4차원 물체를 인지하려면 어떻게 해야 하는지 설명하여라.

제2장

수학과 생활

제2장

수학과 생활

2.1 공평한 분배와 배정 ——— ·

공평한 분배

서로 생각과 가치관이 다른 사람들이 모여있는 곳에서 공평하게 분배하는 일은 중요한 문제이다. 우리는 n명이 참가한 분배에서 각자가 전체 가치의 1/n이나 그 이상을 받는 것을 '공평한 분배'라고 한다. 우리는 공평한 분배에서 항상 다음과 같이 세 가지 가정을 한다.

1) 참가자의 몫의 가치는 각자의 선호도나 가치관에 따라 결정된다.
2) 공평한 분배에서 참가자의 가치는 분배의 결과에 따라 변해서는 안된다.
3) 누구도 다른 참가자의 가치를 알지 못한다.

먼저 두 사람의 분할선택법을 소개한다.

두 사람의 분할선택법

케익을 두 사람이 나누는 경우, 한 사람이 분할자가 되고 다른 사람이 선택자가 된다. 분할하는 방법은, 먼저 분할자가 동등한 값을 갖도록 케익을 두 조각으로 나눈다. 그리고 선택자가 더 큰 값을 갖는 것을 선택한다. 만약 둘 다 같은 값을 가지면 아무거나 선택한다. 마지막으로 분할자는 남는 부분을 갖는다.

이때 분할자의 역할과 선택자의 역할 중 어느 것이 좋은가? 예를 들어 생각해보자.[8] C와 D는 한 좋은 컴퓨터를 이용해 어떤 프로젝트를 완성하려고 한다. 이 컴퓨터를 사용할 수 있는 시간은 낮 6시간과 밤 4시간이다. 둘은 일하는 시간을 공평하게 나누려고 한다. 단, D는 밤이나 낮이나 상관없다고 생각하나, C는 밤이 낮보다는 두 배의 가치가 있다고 여긴다.

먼저 C가 분할자라고 하자. 그는 낮의 1시간에 1점을, 밤의 1시간에 2점을 준다. 그래서 만약 10시간을 다 사용한다면 $2 \times 4 + 1 \times 6 = 14$점이라고 생각한다. 따라서 D의 생각을 모르는 C가 볼때 공평한 나눔은 각각 7점이 되도록 나누는 것이다. 예를 들면, 낮 6시간과 밤 0.5시간은 7점이 되고, 나머지 밤 3.5시간도 7점이 된다. 그러므로 C는

분할 1	분할2
낮 6시간과 밤 0.5시간	밤 3.5시간

---

8) 이 장은 [3]과 [22]를 참조하였다.

으로 나눈다. 그런데 D가 볼 때 이는 6.5점과 3.5점이 된다. 따라서 D는 6.5점을 택한다. 결국 C는 7점을, D는 6.5점을 가진다.

이제 D가 나눈다고 하자. D는 다음과 같이 나눈다.

분할 1	분할2
낮 5시간	낮 1시간과 밤 4시간

이를 C가 보면, 각각 5점과 9점이 된다. 결국 C는 9점을, D는 5점을 가지게 된다. 여기서 중요한 것은, 각자 점수의 비교가 아니라 자신의 선택끼리의 비교이다. C는 자신이 나눌 때의 7점보다 D가 나눌 때 더 나은 점수인 9점을 얻게 된다. 이와 같이 누가 나누느냐가 각자에게 주는 이익의 정도가 다르게 된다.

이제 세 사람의 분할선택법을 생각하자. 먼저 다음 방법을 소개한다.

고독한 분할

케익을 세 사람이 나누는 경우, 한 사람이 무작위로 분할자가 되고 다른 두 사람이 선택자가 된다. 이때 분할하는 방법은, 먼저 분할자가 동등한 값을 갖도록 케익을 세 조각으로 나눈다. 선택자들은 세 조각 중에서 각자 기준으로 1/3 이상의 가치를 가진다고 생각하는 조각 모두를 동시에 발표한다. 이때 선택된 조각이 두 선택자 모두 두 조각 이상인 경우에는 문제가 해결된다. 두 선택자가 모두 둘 이상의 조각의 이름을 기록하였을 경우는 먼저 선택자1에게 그가 기록한 조각 중 하나를 임의로 배정하고, 선택자 2에게는 남은 조각 중에서 그가 기록한 조각 중의 하나를 임의로 배정한다. 그리고 마지막 남은 조각은 분할자의 몫이 된다. 임의로 정하는 방법은 사전에 합의하면 된다.

여기서 사전에 합의한 방법이란 동전 던지기 등의 방법을 말한다.

고독한 분할 (계속)

만약 두 선택자 중 한 사람만 둘 이상의 조각을 기록한 경우에는 오직 한 조각의 이름만 기록한 선택자에게 그 조각을 배정하고, 다른 선택자는 남은 조각 중에서 그가 기록한 조각 중 하나를 임의로 배정받는다. 마지막 조각은 역시 분할자가 갖는다. 두 선택자가 각각 한 조각의 이름만 기록한 경우, 그리고 그 이름이 서로 다른 경우는 각 선택자에게 원하는 조각을 내준다. 그런데 한 조각의 이름만 기록하면서 같은 경우에는 나머지 두 조각 중에서 선택자 (또는 분할자)가 원하는 것을 주고, 남은 조각과 선택한 조각을 합하여 선택자들이 다시 공정하게 나눈다.

고독한 분할의 방법은 폴란드 수학자 Hugo Steinhaus(1887~1972)가 제2차 세계대전 중에 개발한 것이다. 예를 들어, 갑, 을, 병은 케이크를 고독한 분할법으로 나누고자 한다. 갑이 먼저 케이크를 3등분한다. 그리고 을과 병은 세 조각 중에서 각자 기준으로 1/3 이상의 가치를 가진다고 생각하는 조각을 모두 동시에 발표한다. 만약 을과 병이 원하는 조각들이 두 조각 이상이면 각자 하나씩 가져가면 된다. 그렇지 않고, 예를 들어, 을은 두 조각을 원하지만, 병은 한 조각만을 원하면, 병에게 원하는 것을 주고, 을에게는 두 조각 중 나머지를 준다. 나머지 조각은 갑이 가져간다. 마지막으로, 을과 병이 둘 다 같은 조각만을 원하면, 갑은 나머지 두 조각 중 아무거나 가져가고, 남은 두 조각을 합친 후 을과 병이 다시 공정하게 나누면 된다.

두 번째 방법은 다음과 같다.

고독한 선택

세 명의 참가자가 케이크를 공평하게 나누는 경우, 임의로 각자의 역할을 정하여 A, B, C라고 하자. 먼저 A가 (자신의 생각에 공정하도록) 케이크를 두 조각으로 나눈다. 그 다음 B가 두 조각 중 (자신의 생각에 좋은 조각이라 판단되는 조각) 하나를 선택한다. 이제 A는 B가 선택하지 않은 조각을 셋으로 나눈다. B도 자신이 선택한 조각을 셋으로 나눈다. C는 A가 가진 세 조각 중 하나와 B가 가진 세 조각 중 하나를 선택하여 가진다. A와 B는 각자의 나머지를 가진다.

이는 A.M. Fink가 제안한 방법으로, 여러 사람이 나누고 한 사람이 쓸쓸하게 선택하는 방법이다. 예를 들어, 토핑의 반이 새우이고 다른 반이 파인애플인 피자를 갑, 을, 병이 나누고자 한다. 갑은 선호도가 없지만, 을은 새우만을 원하고, 갑은 파인애플을 새우보다 2배 더 좋아한다. 갑이 피자를 다음과 같이 나누었다고 하자.

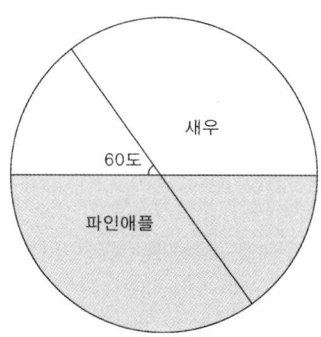

그림 2.1.1 새우와 파인애플 토핑의 피자 한 판의 분할

갑의 피자 10°의 조각 당 점수는 1점으로, 새우 부분은 18점, 파인애플 부분도 18점으로 총 36점이다. 을의 피자 10°의 조각 당 점수는 새우 부분 2점, 파인애플 부분 0점으로, 새우 부분은 36점, 파인애플 부분은 0점으로 총 36점이다. 병의 피자 10°의 조각 당 점수가 새우 부분 1점, 파인애플 부분이 2점으로, 새우 부분은 18점, 파인애플 부분은 36점으로 총 54점이다. 따라서 갑이 자른 두 조각에 대해서 을이 선호하는 조각은 윗부분이고 점수는 24점이다. 이제 을은 이 조각을 자신이 생각하기에 공정하도록 세 조각으로 나눈다(그림 2.1.2(b)). 갑도 자신이 보기에 공정하게 세 조각으로 나눈다(그림 2.1.2(a)).

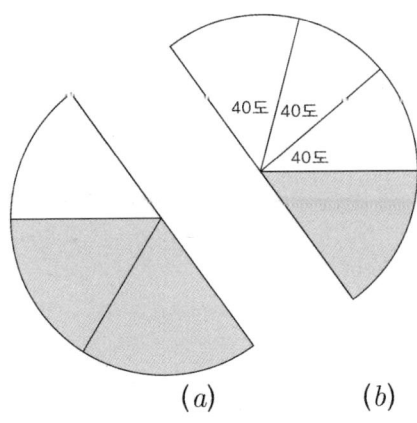

그림 2.1.2 갑과 을의 분할

병이 보기에는 갑의 조각은 위에서부터 각각 6점, 12점, 12점이고, 을의 조각은 위에서부터 4점, 4점, 16(=4+12) 점이다. 따라서 병은 갑의 마지막 조각과 을의 마지막 조각을 가져 총 26점을 챙긴다. 결국 갑은 12점, 을은 16점, 병은 28(=12+16) 점을 얻게 된다. 갑의 12점은 그가 생각한 총 점수 36의 1/3이다. 을의 16점은 그가 생각한 총 점수 36의 1/3보다 큰 수이다. 그리고 병의 28점은 그가 생각한 54의 1/3과 같다. 따라서 각자는 공평하게 분배받았다고 생각한다.

다음은 폴란드 수학자 Stefan Banach (1892~1945)와 Bronislaw Knaster (1893~1980)가 1944년에 개발한 마지막 감축 방법 (The last-diminisher method of Fair division)이다.

마지막 감축

참가자 수는 여러 명이어도 된다. 예를 들어, 세 명이 케이크를 나눈다고 하자. 순서를 정하여 A, B, C라고 한다. A가 케이크 한 조각을 잘라낸다. 나머지 두 사람이 모두 동의하면 그 조각을 A가 가진다. 만약 B가 동의하지 않으면 B는 자기 판단에 적합한 조각이 되도록 A가 가진 조각을 줄인다. 이 줄인 조각에 C가 동의하면 B는 그 조각을 가진다. 이 줄인 조각에 C가 동의하지 않는다면, 더 줄인 조각을 C가 가진다. 이제 두 사람이 남고 따라서 분배문제를 해결할 수 있다.

이렇게 나누는 방법에는 남은 케이크 조각의 모양이 나쁠 수 있는 문제가 있을 수 있다.

이제 남부럽지 않은 분배에 대해서 알아보자. 여기서 남부럽지 않은 분배(Envy-free division)란, n명의 참가자 각자는 전체 가치의 1/n 정도 또는 그 이상의 가치의 몫을 받았고, 나머지 참가자 중 누구도 자신보다 더 받지 않았다고 느끼는 분배를 말한다. 이는 John L. Selfride와 John H. Conway가 1960년경에 독립적으로 발견한 방법인데, 둘 다 이 방법을 발표하지 않았음에도 널리 알려지게 되었다고 한다.

남부럽지 않은 분배

세 명이 케이크를 나눈다고 하자. 분할자 A는 케이크를 자신이 생각에 공정하도록 세 조각으로 나눈다. B는 각 조각을 평가해서 가장 큰 조각이 둘 이상이라고 생각하면 통과를 선언한다. C가 먼저 선택하고 B가 선택한 후, A가 선택한다. 만약, B가 보기에 가장 큰 조각이 하나뿐이라 생각하면, 그 조각을 잘라내어 가장 큰 조각이 복수가 되도록 한다. 잘라낸 부분을 L이라 하자. 잘린 조각을 X, 나머지 조각을 Y, Z라고 하자. X, Y, Z 중에서 C가 하나를 선택하고, B가 선택한다. 이때 C가 X를 선택하지 않았으면, B는 X를 선택한다. 그리고 A가 선택한다. L에 대해서는, 이를 나눈다. 만약 C가 X를 가진 경우, B가 L을 삼 등분하여 C가 선택하고, A가 선택한 후, B가 나머지를 가진다. C가 X를 가지지 않은 경우, C가 L을 삼 등분하고 B가 선택한 후 A가 선택한다. C는 나머지를 가진다.

세 사람 갑, 을, 병은 1/4이 초콜렛, 1/4이 당근, 1/4이 치즈, 1/4이 블루베리인 케이크를 남부럽지 않은 분배로 나누고자 한다.

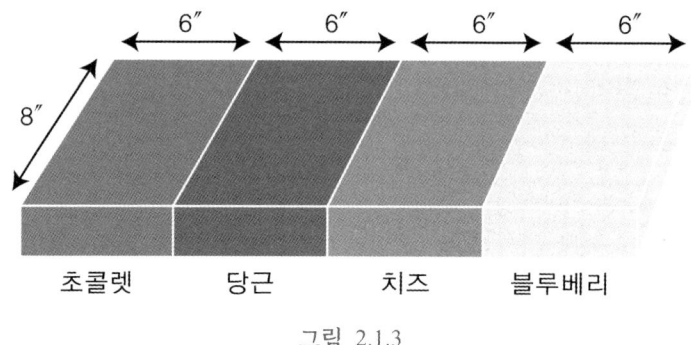

초콜렛　　　당근　　　치즈　　　블루베리

그림 2.1.3

각자의 케이크의 선호도는 다음과 같다.

	갑	을	병
초코렛	2	1	2
당근	1	1	1
치즈	1	3	3
블루베리	2	1	4

갑이 케이크를 세로로 나눈다고 하자. 갑이 생각하는 1인치당 가치는 초코렛 2점, 당근 1점, 치즈 1점, 블루베리 2점이다. 따라서 초코렛은 $2 \times 6 = 12$점, 당근 6점, 치즈 6점, 블루베리 12점, 총 36점이 된다. 따라서 갑은 다음과 같이 나눈다.

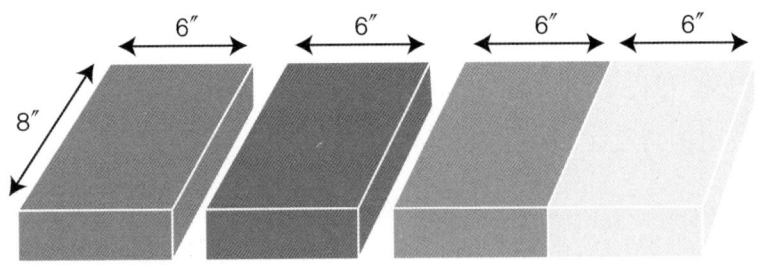

그림 2.1.4 갑의 분할

이제 을이 보기에 조각 1은 6점, 조각 2는 6점, 조각 3은 24점이
된다. 이처럼 조각 3은 다른 조각 보다 훨씬 가치가 높다. 따라서
을은 조각 3을 나눠야 한다. 그래서 치즈 2인치(=6점)과 나머지
(=18점)으로 나눈다.

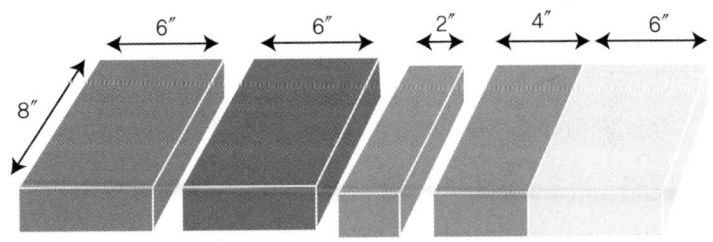

그림 2.1.5 을의 분할

선택자 병이 보기엔 조각 1은 12점, 조각 2는 24점, 조각 3은 6
점, 나머지 조각은 18점이다. 따라서 조각 2를 가장 값어치있다고
본다. 그러므로 병은 조각 2를 택한다(24점). 이제 병이 조각 3(=X)
을 택하지 않았으므로 을은 조각 3을 택한다(6점). 나머지 부분인
조각1은 갑이 가져간다(12점).

이제 나머지 부분을 나눌 차례이다. 앞에서 X를 가진 사람이 을이므로, 병은 L의 분할자가 된다. 병은 치즈조각에 12점, 당근조각에 6점을 주므로, 치즈조각을 이등분한다.

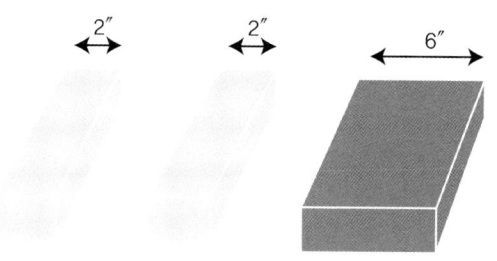

그림 2.1.6 병의 분할

을이 보기에는 나머지 조각 1은 6점, 나머지 조각2는 6점, 나머지 조각3은 6점으로 다 똑같다. 따라서 아무거나 택한다. 을이 마지막 조각을 택했다고 하자. 갑은 나머지가 똑같으므로 나머지 조각 1을 택한다. 병은 나머지를 갖는다. 결국, 갑은 12+2=14점, 을은 6+6=12점, 병은 24+6=30점을 갖게 된다. 각자에게 있어 서로 가져간 몫의 가치를 비교하면 다음과 같다.

나눈 조각들	갑	을	병
6인치 초코렛+2인치 치즈	14	12	18
2인치 치즈+6인치 당근	8	12	12
6인치 블루베리+2인치 치즈	14	12	30
총 가치 합	36	36	60

여기서 굵은 숫자로 된 부분이 각 참여자가 실제로 받은 몫이다. 비교해 보면 각자는 남보다 적게 받지 않았음을 알 수 있다. 세 명 이상의 경우에도 남부럽지 않은 분배가 가능하지만, 그 과정이 세 명의 경우보다 훨씬 복잡하다.

다음은 W. Stromquist(참가자가 세 명인 경우)와 S. Brams, A. Taylor (일반적인 경우) 등이 제시한 남부럽지 않은 분배의 방법이다.

그림 2.1.7

참가자가 세 명인 경우만 살펴보자. 참가자가 아닌 사회자가 큰 칼을 평행으로 움직이기로 하자. 큰 칼은 케이크의 왼쪽에서 오른쪽으로 서서히 움직인다. 참가자 세 명이 움직이는 작은 칼 세 개는 이에 따라 큰 칼의 오른쪽에서 분주히 움직인다. 각각의 작은 칼들은 큰 칼의 오른쪽을 2 등분한다고 판단되는 곳에 위치한다.

큰 칼이 알맞은 위치(전체의 1/3)에 왔다고 생각하는 사람은 "정지"라고 말한다. 이제 큰 칼의 위치에서 케이크를 자르고, 작은 칼 중에서 가운데 있는 칼을 따라 케이크를 자른다. 이제 케이크는 왼쪽 케이크, 가운데 케이크, 오른쪽 케이크로 나뉜다. 작은 칼은 큰 칼에 가까운 순으로 파란 칼, 노란 칼, 회색 칼이라고 부르자. 이때 먼저 정지라고 말한 사람에게 왼쪽 케이크를 준다. 이제 다음과 같은 경우가 발생하게 된다.

- 노란 칼의 주인은 큰 칼이 케이크 전체의 1/3 위치에 오면 정지를 외 친다. 이때 자신이 정확하게 1/3을 얻고 다른 사람도 1/3씩 얻으니 불 만이 없다. 파란 칼의 주인은 가운데 케이크를 얻고 만족하며 회색 칼 주인은 오른쪽 케이크에 만족한다.
- 파란 칼의 주인은 왼쪽 케이크가 가운데 케이크보다 커지는 순간에 정지라고 말한다. 노란 칼의 주인은 가운데 조각, 회색 칼의 주인은 오른쪽 조각을 얻고 만족한다.
- 회색 칼의 주인은 왼쪽 케이크가 오른쪽 케이크보다 커지는 순간에 정지라고 말한다. 파란 칼 주인은 가운데 케이크, 노란 칼 주인은 오 른쪽 케이크를 얻는다.

지금까지는 공평한 분배 중에서 케이크나 땅처럼 연속적으로 연 결된 것을 분배하는 문제를 다루었다. 이런 문제를 연속(continuous) 문제라고 한다. 이런 경우에는 두 세 사람의 참가자가 분배할 것을 쉽게 나눌 수가 있었다. 하지만 어떤 경우는 자동차나 보석, 배나 미술품처럼 나눌 수 없는 경우도 있다. 물건으로 유산을 받았는데,

이를 나누어 쓸 수 없는 경우가 그러한 예이다. 이런 경우를 이산 (discrete) 문제라고 한다. 한편 어떤 경우는 혼합적인(mixed) 분배가 필요할 때도 있다. 이는 한 사람에게 물건이 전체가 고스란히 주어지고, 다른 사람이 그 물건을 빌려 쓰거나 나눠 쓰는 경우를 말한다.

먼저 이산 문제의 예로 다음 문제를 생각하자. 한 오누이가 할아버지로부터 오래되었지만 근사한 차를 물려받았다. 불행히도 둘은 아주 멀리 떨어져 살고 각자 바빠서 그 차를 공유할 방법이 없다. 그래서 한 사람이 그 차를 받고 다른 사람에게 자동차의 가치의 반을 주기로 하였다. 이제 누가 차를 받고, 누가 차의 공정한 가격을 매길 수 있을까? 차를 누가 받느냐에 따라 차량의 가격이 달라질 수 있기 때문에 이는 어려운 문제이다. 차를 받는 사람은 가격이 싸다고 할 것이고, 차를 못 받는 사람은 가격이 높다고 할 것이 분명하기 때문이다. 오누이 둘다 그 차를 원하고, 또 다른 사람에게 돈을 내줄 수 있다고 가정하면, 가격이 얼마이고 누가 차를 받는지는 다음과 같이 정할 수 있다.

두 사람을 Alice와 Bob이라고 하자. 각자 이 문제를 생각한 후에 Alice는 자동차의 공정가격이 2900만 원이라고 결론지었다. 한편 Bob은 혼자 생각하고 3100만 원이라고 정하였다. 자동차의 가격을 정하는 한 가지 방법은 두 값의 평균을 내어 3000만 원이라고 하는 것이다. 이렇게 정해진다면, 누가 차를 갖는지 정하면 된다. Bob이 보기에 자동차는 3000만 원보다 더 가치가 있다. 따라서 Bob은 Alice에게 3000만 원/2=1500만 원을 주고 자동차를 가질 수 있다. Alice는 이런 제안을 좋아할 수 있다. 왜냐면 그녀가 생각하기에 자동차의 반값은 2900/2=1450만 원에 불과한 데 50만 원을 더 받았기 때문이다.

반대로 Alice가 자동차를 받는다고 하면, 그녀는 Bob에게 1500만 원을 줘야 하는데, 이는 자신의 생각보다 50만 원을 더 줘야 하는 꼴이다. Bob도 이를 싫어하는데, 왜냐면 그가 생각한 자동차의 반값인 3100만 원/2=1550만 원에 50만 원이나 모자라기 때문이다. 따라서 가장 좋은 해결책은 Bob이 자동차를 받고 Alice에게 1500만 원을 주는 것이다. 이를 표로 정리하면 다음과 같다.

Alice와 Bob의 차에 대한 평가액과 분배

	평가	자기몫	징수액	추가배당	최종취득
Alice	2900	1450	−1450	50	1500
Bob	3100	1550	1550	50	차 −1500

이 사례는 이렇게 해석할 수도 있다. Bob은 자신이 스스로 정한 자기 몫인 3100만 원의 절반, 즉 1550만 원보다 1550만 원을 더 가진 셈이다(자동차 전체를 가졌기 때문이다). 따라서 (예상치 못한

추가 수익인) 1550만 원을 돈으로 내놓아야 한다. 그 돈에서 Alice 는 자신이 정한 자기 몫인 2900만 원의 절반인 1450만 원을 가져 간다. 그러고 나면 남는 돈이 100만 원이다. 이를 둘이 공평하게 나 누면 결국 위의 결과처럼, Bob은 자동차를 받고 Alice에게 1500만 원을 주는 꼴이 된다.

위의 예에서 만약 Alice의 자동차 평가액이 너무 낮았다면, 그녀 는 적은 돈만 받게 된다. 또 Bob의 평가액이 너무 높다면, 그는 Alice에게 그만큼 더 많이 돈을 줘야 한다. 따라서 둘 다 가능한 공 정하게 자동차를 평가해야 많은 손해를 보지 않게 된다.

위의 방법을 조금 손을 보면 우리는 여러 명의 참가자들이 여러 개의 물품을 나누는 문제를 해결하는 방법을 얻게 된다. 이때 참여자 들은 각자 물품에 대해 금액으로 평가하고, 각자 생각한 평가액을 공 개하지 않아야 한다. 예를 들면, 각자 평가액을 정하고 이를 봉투에 넣어 봉인하는 것이다. 봉인된 평가표는 나중에 동시에 공개될 것이 다. 이렇게 하는 방법을 봉인된 평가표(sealed bids)의 방법이라고 하 는데, 이는 폴란드 수학자 Bronislaw Knaster에 의해 개발되었다.

봉인된 평가표의 방법

여러 개의 물품을 n명의 참가자가 나누는 방법이다. 이때 공정함을 담보하기 위해 금전적인 보상을 하기로 한다. 먼저, 참가자들은 모두 봉인된 평가표를 제출한다. 평가표를 동시에 공개하고, 각 물품은 평가액을 제일 높게 쓴 사람에게 주어진다. 물품을 받은 사람은 자신의 평가액을 보상금을 위한 공동기금으로 제출한다. 이 기금에서 모든 사람들은 그 물건에 대한 자신의 평가액의 1/n을 받는다. 보상금 중에서 남은 금액이 있다면 이를 모든 참가자에게 똑같이 나누어준다.

평가액을 정하는 참가자는, 높은 가격을 쓰는 사람이 그 물건을 갖게 되고, 또 다른 사람들에게 돈을 지불하게 된다는 점을 알고 있어야 한다. 반대로 평가액을 적게 써서 물건을 갖지 못하는 사람은 자신의 평가액에 따라 보상받는다는 점을 알고 있어야 한다. 예를 들어보자. 세 자매 A, B, C는 도시의 집과 시골의 별장을 물려받았다. 각자의 평가액은 다음과 같다고 한다.

	A	B	C
도시의 집	2890만원	2860만원	3010만원
시골의 별장	1880만원	2030만원	1820만원
합	4770만원	4890만원	4830만원

봉인된 평가표의 방법을 사용하여 두 사람이 재산을 물려받고 다

른 사람에게 보상금액을 주기로 하자. 먼저 평가표가 공개되면 C가 도시의 집을, B가 시골의 별장을 받게 된다. 보상을 위한 공동기금은 3010+2030= 5040만 원이 된다. 이를 각자의 평가액의 1/3으로 나누면, A는 4770/3= 1590만 원, B는 4890/3=1630만 원, C는 4830/3=1610만 원을 받는다. 이렇게 각자의 총평가액을 사람 수로 나눈 자기 몫을 공정가라고 한다. 이때 각자는 공동기금의 1/3을 받는 것이 아니라 자신의 평가 총합의 1/3, 즉 공정가만큼 받는다. 이제 나머지 돈은

$$5040-(1590+1630+1610)=5040-4830=210만 원$$

이므로, 각자 70만 원을 받으면 된다. 결론적으로 A는 유산없이 1590+70=1660만 원을 받았고, B는 시골의 별장(2030만 원)을 받고 1630+70=1700만 원을 받아 총 1700만 원의 값어치(330만 원을 지불하고 2030만 원 값어치의 별장을 받음)를 유산으로 받았다. 그리고 C는 도시의 집(3010만 원)을 받고 1610+70=1680만 원을 받아 총 1680만 원의 값어치(1330만 원을 지불하고 3010만 원 값어치의 도시의 집을 받음)를 유산으로 받았다.

만일 A가 어떤 이유로 거짓 감정하여 시골의 별장을 2120만 원이라고 평가하였다고 하자. 그러면 A는 얼마나 손해를 보게 되는가? 그러면 표는 다음과 같이 된다.

	A	B	C
도시의 집	2890만 원	2860만 원	<u>3010만 원</u>
시골의 별장	<u>2120만 원</u>	2030만 원	1820만 원
공정가	1670만 원	1630만 원	1610만 원
최종배정	1743.3만 원	1703.3만 원	1683.3만 원
실제배정	1503.3만 원	1703.3만 원	1683.3만 원
추가이익	-156.7만 원	3.3만 원	3.3만 원

이제 A는 시골의 별장을 갖게 되고, 나머지 돈은 5130만 원에서 공정가의 합 4910만 원을 뺀 220만 원이다. 따라서 각자 73.3만 원을 받는다. 결론적으로 A는 시골의 별장을 받고 376.7만 원(=2120-1743.3)을 지불하여, 1743.3만 원 값어치의 유산을 받는다. 하지만 원래 A가 평가한 값어치는 이보다 240만 원 적었으므로, 실제로 A가 받은 것은 1503.3만 원의 값어치가 된다. A가 정직하였다면 원래 1660만 원을 받을 수 있었는데, 거짓말을 하여 156.7만 원의 손해를 보게 되었다. 반면 B와 C는 원래보다 각각 3.3만 원의 이익을 얻게 된다.

때로는 상대방이 원하는 바를 얻지 못한 것을 돈으로 보상하는 것이 적절하지 않는 경우가 있다. 예를 들어 세 부부가 함께 여행을 하다가 어느 호텔에 빈방이 세 개 있는 것을 발견했다. 이 호텔의 특징은 방마다 모양과 크기가 다르고, 전망과 인테리어도 다르다. 각자의 선호도에 따라 방을 정하는 문제에 있어서 금전적인 보상이 적절하지 않고, 중간에 방을 바꿀 수도 없다. 이런 경우에 누가 어느 방을 쓰느냐의 문제를 논의하는 좋은 방법 중 하나는, 각자 세 방에 대한 선호도를 합이 100이 되도록 정하는 것이다. 그리고 각자에게 좋도록 정하는 이러한 방법을 가산점 방법(method of points)이라고 한다.

예를 들어보자. 세 부부 A, B, C가 방을 정하려고 한다. 각자 방에 대한 선호도를 점수로 정한 배점표는 다음과 같다.

	A 부부	B 부부	C 부부
방1	48	31	58
방2	40	10	13
방3	12	59	29
합	100	100	100

이제 점수 방법으로 누가 무슨 방을 정할지 정해보자. 먼저 방을 배정할 수 있는 방법과 점수를 나열해 보고, 가장 작은 최저점수를 살펴본다.

			최저
A부부, 방1, 48점	B부부, 방2, 10점	C부부, 방3, 29점	10점
A부부, 방1, 48점	B부부, 방3, 59점	C부부, 방2, 13점	13점
A부부, 방2, 40점	B부부, 방1, 31점	C부부, 방3, 29점	29점
A부부, 방2, 40점	B부부, 방3, 59점	C부부, 방1, 58점	40점
A부부, 방3, 12점	B부부, 방1, 31점	C부부, 방2, 13점	12점
A부부, 방3, 12점	B부부, 방2, 10점	C부부, 방1, 58점	10점

이 중에서, 최저점수 중에 가장 큰 점수를 갖게 되는 선택을 택한다. 앞의 표를 보면 A부부는 방1을, B부부는 방3을, C부부는 방1을 가장 선호했음을 알 수 있다. 이 방법을 통해 우리는 최소한 두 가정에는 가장 원했던 방을 배정할 수 있었다.

다음 날 이 세 부부는 다른 곳을 여행하다가 저녁이 되어 어떤 허름한 호텔에 도착했다. 역시 남은 방이 3개뿐이고, 각 방에 대한 선호도는 다음과 같다.

	A 부부	B 부부	C 부부
방1	10	12	12
방2	20	20	17
방3	70	68	71
합	100	100	100

이제 방을 어떻게 배정해야 하는가? 이 경우에는 가능성을 나열하면 다음과 같다.

			최저
A부부, 방1, 10점	B부부, 방2, 20점	C부부, 방3, 71점	10점
A부부, 방1, 10점	B부부, 방3, 71점	C부부, 방2, 17점	10점
A부부, 방2, 20점	B부부, 방1, 12점	C부부, 방3, 71점	12점
A부부, 방2, 20점	B부부, 방3, 68점	C부부, 방1, 12점	12점
A부부, 방3, 70점	B부부, 방1, 12점	C부부, 방2, 17점	12점
A부부, 방3, 70점	B부부, 방2, 20점	C부부, 방1, 12점	12점

이 경우, 최저점수가 가장 높은 경우가 4가지나 된다. 이럴 때는 낮은 2가지를 제외한 4가지 경우의 중간 점수를 비교한다.

			중간
A부부, 방2, 20점	B부부, 방1, 12점	C부부, 방3, 71점	20점
A부부, 방2, 20점	B부부, 방3, 68점	C부부, 방1, 12점	20점
A부부, 방3, 70점	B부부, 방1, 12점	C부부, 방2, 17점	17점
A부부, 방3, 70점	B부부, 방2, 20점	C부부, 방1, 12점	20점

이제 낮은 17점의 경우를 빼고 최고점수를 비교한다.

			최고
A부부, 방2, 20점	B부부, 방1, 12점	C부부, 방3, 71점	71점
A부부, 방2, 20점	B부부, 방3, 68점	C부부, 방1, 12점	68점
A부부, 방3, 70점	B부부, 방2, 20점	C부부, 방1, 12점	70점

이제 가장 높은 점수를 갖는 71점의 경우를 최종선택으로 한다. 이 경우에는 한 부부에게만 가장 선호도가 높았던 방을 배정하게 되고, 다른 한 부부에게는 두 번째 선호도의 방을, 또 다른 부부에게는 원치 않았던 방을 배정하게 된다.

이제 혼합적인 분배문제로 다음 문제를 생각해 보자. 쌍둥이 형제 재현이와 재원이가 16살이 될 때, 아버지는 중고 트럭과 말, 소를 생일선물로 주기로 하였다. 하지만 아버지는 이런 단서 조항을 달았다. "너희가 어떻게 나누고, 또 나누어 쓸지를 잘 정해야 한다. 그렇지 않으면 도로 가져갈 거다." 이 쌍둥이 형제는 어떻게 해야 하는가?

이는 생각보다 쉽지 않은 문제이다. 두 사람에게 각자 세 물품, 즉 중고 트럭과 말, 소에 대한 선호도를 100점 만점으로 매기게 한다. 다음이 그러한 표이다.

	재현	재원
트럭	33	30
말	27	35
소	40	35
합	100	100

먼저 재현이는 트럭과 소를 받는데, 이는 73점이다. 재원이는 말을 받는데, 이는 35점이다. 두 사람 간 차이가 있으므로 뭔가가 재원이에게 공평하게 가야 한다. 어떤 물품이 재현이에게서 재원이에게 가야 하는지 보기위해 점수배정의 비율을 보자.

	점수배정비율
트럭	$\dfrac{33}{30} = 1.10$
소	$\dfrac{40}{35} \cong 1.14$

이 중에서 트럭에 대한 비율이 낮으므로, 재현이 트럭을 재원에게 다 준다고 하자. 그러면 재원이는 35+30=65점을 갖게 되고, 재현이는 40점만 갖게 된다. 이것도 좋은 해결책은 아니다. 트럭의 q(분수)를 재현이가 갖고, $1-q$를 재원에게 준다고 하자. 목표는 둘 다

같은 점수를 갖는 것이다.

$$40 + q \times 33 = 35 + (1-q) \times 30$$

그러면 $q = \dfrac{25}{64} \cong 0.397$이 된다. 이때 총점은 53.095이다. 결국, 소는 재현이가, 말은 재원이가 받고, 트럭은 재현이가 시간의 39.7%만큼 사용하고, 나머지 시간을 재원이가 사용하면 된다. 그럴 경우, 재현이와 재원이는 둘다 53.095점만큼 받게 된다. 이렇게 정하는 것을 승자조정법(Adjusted Winner Procedure)라고 한다. 이는 혼합문제, 즉 배정과 나눠 쓰는 것을 혼합한 문제의 해결법이다.

01 갑, 을, 병이 똑같은 크기(12 온즈 ounce)의 파이와 머핀과 케이크 조각을 받았다. 갑은 파이와 머핀과 케이크의 선호도가 1:2:3이다. 을은 1:1:3이다. 병은 선호도가 똑같다. 이럴 때, 다음 질문에 답하여라.

(1) 갑, 을, 병은 각자 파이와 머핀과 케이크에 몇 점씩을 부여하게 되는지 구하여라.

	갑의 점수	을의 점수	병의 점수
12온즈 파이			
12온즈 머핀			
12온즈 케이크			

(2) 고독한 분할의 방법으로 파이와 머핀과 케이크을 나누려고 한다. 병이 분할자가 되어 파이, 머핀, 케이크 각 조각을 나누지 않고 그대로 두었다. 파이와 머핀, 케이크은 누구의 차지가 되는지 설명하여라.

02 본문 중에 세 자매 A, B, C가 봉인된 평가표의 방법으로 도시의 집과 시골의 별장을 물려받는 사례를 언급하였다. 특히 A가 시골의 별장을 얻고자 거짓 감정을 하면 B, C가 추가이익을 얻을 수 있었다. 만약 A가 시골의 별장을 유산으로 받으면서 동시에 B, C에게 추가이익을 주지 않으려고 한다면, 그 별장가격을 얼마로 정했어야 하는가?

03 자매관계인 갑순이와 을순이는 할머니로부터 물려받은 집과 요트, 오두막과 자동차를 공평하게 나누기로 하였다. 둘은 다음과 같이 각 물품에 대한 선호도를 100점 만점으로 매겼다.

	갑순	을순
집	45	35
요트	20	25
오두막	5	20
자동차	30	20
총계	100	100

승자조정법을 이용하여 물품을 두 사람에게 공평하게 나누는 방법을 구하여라.

배정

다음 문제를 생각해 보자. 어느 지역에서 고등학생을 위한 초급스키캠프가 열린다고 한다. 신청자를 미리 받아보니 1학년은 42명, 2학년은 67명, 3학년은 81명이 신청하였다. 스키캠프를 운영할 강사가 15명이라고 할 때, 어떻게 배정하는 것이 좋은가? 이 문제는 마지막에 살펴볼 것이다.

배정문제는 정해진 수를 나눌 때 발생한다. 예를 들어, 지역구 국회의원 246명을 뽑고자 한다. 의원 수를 18개의 선거구에 인구수에 비례하여 정한다고 할 때 각 선거구에 몇 명씩을 배정해야 하는가? 246명을 18로 나누면 분수가 되므로, 이럴 때 배정문제가 발생하게 된다. 이 문제를 해결하는 여러 가지 방법이 있으며 어떤 배정방법에도 오류가 있을 수 있다. 이제 총인구 천만 명인 완전공화국에서는 200명의 의원을 다음 선거구에 인구수를 따라 배정한다고 하자.

선거구	인구수
A	1,350,000
B	1,500,000
C	4,950,000
D	1,100,000

표준제수(standard divisor)는 총인구수 나누기 의원 수로 정의하자. 그러면 이 경우에 표준제수는 10,000,000/200=50,000이 된다. 이때 A 선거구의 표준할당(standard quota)은

인구수/표준제수=1,350,000/50,000=27

이 된다. 이런 식으로 A 선거구에는 1,350,000/50,000=27명, B 선거구에는 30명, C 선거구에는 99명, D에는 22명, E에는 22명을 배정하면 되고, 이를 더하면 200명이 된다. 그런데 이런 일은 완전공화국에서만 일어난다.

이제 자유공화국의 국회의원을 뽑고자 한다. 인구는 천만명이고 의원수는 동일하게 200명이다. 선거구에 따른 인구수와 표준할당은 다음과 같다.

선거구	인구수	표준할당	정수부분	소수부분
A	1,320,000	26.40	26	0.4
B	1,515,000	30.30	30	0.3
C	4,935,000	98.70	98	0.7
D	1,118,000	22.36	22	0.36
E	1,112,000	22.24	22	0.24

이때 표준할당(standard quota)은 A의 경우 인구수/표준제수 =1,320,000/50,000=26.4 이 된다. 여기서 정수 부분만 더하면 198명이므로, 2명이 남는다. 이때 2명을 어디에 배정해야 하는가? 이에 관해서 해밀턴식 배정방법(Hamilton's Method)은 소수 부분이 높은 순서로 배정한다. 이에 의하면, C 선거구는 99명, A 선거구는 27명이 된다.

이 방법에는 조금 문제가 있을 수 있다. 왜냐면 D 선거구는 처음 배정받은 22명에 대하여 남은 정원의 비율은 $0.36/22 \cong 1.6\%$이지만, C 선거구는 그 비율이 $0.7/98 \cong 0.7\%$에 불과하기 때문이다. 오히려 D에 추가배정을 하는 것이 더 맞다고 볼 수 있다(또 하나는 A에). 이렇게 배정하는 방법을 론디즈식 배정방법(Lowndes' method)}이라고 한다.

해밀턴식 배정에는 여러 모순점이 발생할 수 있다. 그 중 앨러배마 패러독스를 알아보자. 어느 도시의 총인구가 100,000명인데 네 개의 선거구의 인구가 다음과 같다고 하자.

선거구	인구수
A	40,650
B	38,650
C	10,400
D	10,300

의원을 인구수에 따라 배정하는데, 처음에는 의원 수를 99명으로 하였다. 그러다가 법이 바뀌어 100명으로 하기로 했다. 처음 99명의 경우에는, 표준제수가 $100,000/99 \cong 1010.10$이고, 선거구 A를 위한 표준할당은 $40,650/1010.10 \cong 40.2435$이다. 이를 표로 작성하면 다음과 같다.

선거구	인구수	표준할당	정수부분	소수부분
A	40,650	40.2435	40	0.2435
B	38,650	38.2635	38	0.2635
C	10,400	10.2960	10	0.296
D	10,300	10.1970	10	0.197

정수 부분을 더하면 98명이므로, 한 명을 더 배정할 수 있다. 해밀턴식 배정에 의하면 소수 부분이 가장 큰 선거구 C에 배정된다. 따라서 A에는 40명, B에는 38명, C는 11명, D는 10명이 배정된다. 이제 의원 수가 100명으로 바뀌었다. 이를 표로 작성하면 다음과 같다.

선거구	인구수	표준힐당	정수부분	소수부분
A	40,650	40.65	40	0.65
B	38,650	38.65	38	0.65
C	10,400	10.4	10	0.4
D	10,300	10.3	10	0.3

이때 표준제수는 100,000/100=1000이고, 선거구 A를 위한 표준할당은 40,650/1000=40.650이다. 정수 부분을 더하면 98명이므로, 두 명을 더 배정할 수 있다. 해밀턴식 배정에 의하면 소수 부분이 가장 큰 선거구 A, B에 배정된다. 따라서 A에는 41명, B에는 39명, C는 10명, D는 10명이 배정된다. 분명 의원 수가 99명에서 100명으로 늘었음에도 선거구 C에는 배정된 의원 수가 11명에서

10명으로 줄어드는 기이한 현상이 발생한 것이다. 이러한 모순을 앨러배마 패러독스라고 한다.

이외에도 해밀턴식 배정에는 인구증가 패러독스, 오클라호마 패러독스 등의 다른 모순점들이 있다. 이러한 여러 모순점을 해결하기 위해 변환정원법이 개발되었다. 여기서는 각 지역의 정원(배정기준)을 같은 비율로 늘이거나 줄인 다음 변환된 정원을 기준으로 배정하여 배정하는 인원의 합이 일치되도록 하는 방법이다. 처음 정원을 일정한 비율로 늘린 후 정수 부분만으로 배정하는 것을 제퍼슨식 배정방법(Jefferson's method), 처음 정원을 일정한 비율로 줄이거나 늘려서 반올림하여 배정하는 것을 웹스터식 배정방법(Webster's method), 처음 정원을 일정한 비율로 줄여서 올림하여 배정하는 것을 아담스식 배정방법(Adams' method)이라고 한다 (연습문제 1 참조).

다시 앞의 스키캠프문제로 돌아가자. 총 신청자 수는 190명이다. 표준제수는 $190/15 \cong 12.667$이고, 1학년의 표준할당은 $42/12.667$으로 3.31이다. 3+5+6=14명이므로 1명이 남는다. 이를 해밀턴식 배정과 론디즈식 배정으로 배정해보자.

학년	신청자	표준할당	정수	소수	상대적소수
1학년	42	3.31	3	0.31	$0.31/3 \cong 0.103$
2학년	67	5.29	5	0.29	$0.29/5 \cong 0.058$
3학년	81	6.39	6	0.39	$0.39/6 \cong 0.065$

해밀턴식 배정에 의하면 1학년에는 3명, 2학년에는 5명, 3학년에는 7명이 배정된다. 그리고 론디즈식 배정에 의하면 1학년에는 4명, 2학년에는 5명, 3학년에는 6명이 배정된다.

01 인구가 1,250,000명인 어느 도시의 선거구가 A, B, C, D, E, F와 같이 6개 구역이 있다. 각 구역의 인구수에 비례하여 250명의 구의원을 배정하고자 한다.

선거구	인구수	표준할당	제퍼슨	웹스터	아담스
A	164,600	32.92	33	33	33
B	693,600	138.72	140	138	137
C	15,400	3.08	3	3	4
D	209,100	41.82	42	42	42
E	68,500	13.70	13	14	14
F	98,800	19.76	19	20	20
합계	1,250,000	250	250	250	250

제퍼슨식의 배정방법을 적용하기 위해서 먼저 표준할당에 조정비율인 1.01을 곱한다. 그래서 얻은 수에서 소수 부분을 버리고 정수 부분만으로 배정하면 위의 표와 같이 얻게 된다. 이제 웹스터식 배정방식과 아담스식 배정방식에서 적용한 조정비율이 얼마인지 구하여라.

02 어느 지역에서 초등학생을 위한 초급스키캠프가 열린다고 한다. 신청자를 미리 받아보니 1학년은 32명, 2학년은 41명, 3학년은 47명이 신청하였다. 스키캠프를 운영할 강사가 13명이라고 할 때, 해밀턴식과 론디즈식으로 배정한 강사 수를 구하여라.

2.2 투표제도 ──── •

게임이나 투표에서 누가 이기고, 누가 당선되느냐를 결정짓는 것은 규칙이다. 규칙이 달라지면 이기는 사람이 달라진다. 야구의 한 리그에 A, B, C라는 팀이 있는데, 이들의 성적은 다음과 같다. 세 팀외에 다른 팀들의 성적은 보잘것없다고 한다.

	게임 전	C가 이겼을 경우	C가 졌을 경우
A	32승 9패	32승 10패	33승 9패
B	32승 10패	32승 10패	32승 10패
C	30승 11패	31승 11패	30승 12패

이제 리그 마지막 경기가 벌어지는데, 이는 A팀과 C팀의 시합이다. 경기를 앞누고 C팀의 감독은 생각에 잠겼다. 규칙에 의하면, 리그 1위팀은 다른 리그 팀과의 4강 플레이오프에 나갈수 있다. 그리고 리그 2위와 3위 팀은 다시 경기를 해서 4강 플레이오프에 나갈 팀을 정하게 된다. 즉, 둘 중 이기는 팀이 플레이오프에 나간다. 만약 C가 이기면, A와 B가 공동 1등이 된다. 그러면 자동적으로 A와 B가 플레이오프에 나가고, C는 떨어지게 된다. 만약 C가 지면, A가 1등으로 플레이오프에 나가게 되고, C는 B와 재경기를 해서 플레이오프에 나갈 수 있는 기회를 얻게 된다. 당연히 C팀의 감독은 A팀과의 마지막 경기에서 지려고 들것이다. 이처럼 규칙을 어떻게 정하느냐에 따라 우리의 상식과 어긋나는 경우가 발생하기도 한다.

투표제도

민주주의를 채택하는 나라나 도시에서는 의사결정 때 선거나 투표를 통하여 구성원들의 의사를 반영하고 실천한다. 하지만 투표 자체가 민주주의라기보다는 어떻게 투표한 표를 세느냐가 더 중요하다. 그래서 체코 출신의 영국 극작가 톰 스토파드(Tom Stoppard)는 다음과 같이 말했다.

It's not the voting that's democracy. It's the counting.

이는 투표하는 행위가 아니라 집계방식이 민주주의를 결정한다는 의미이다. 보통 사용하는 투표제도에는 다수결 제도와 쌍쌍 비교법, 보르다 셈법과 최소 득표자 탈락제가 있다.[9]

다수결 제도
투표자가 한 명의 후보에게만 투표한다. 가장 많은 표를 얻은 사람이 당선된다.

이 다수결 제도에는 여러 장점이 있다. 투표자는 쉽게 선택할 수 있다. 즉, 투표자가 다른 후보의 선호도에 대한 순서를 고려하지 않아도 된다. 또 투표 후 누가 당선되었는지 쉽게 알 수 있다.

그러면 이러한 다수결 제도는 공평하고 논리적인 투표방법인가?

---

9) 이 절은 [3]과 [22]를 참조하였다.

예를 들어 투표자 100명이 후보 4명, 즉 갑, 을, 병, 정에게 다음과
같이 투표하였다고 하자.

38명	30명	11명	21명
갑	을	병	정

　다수결 제도에 의하면 38표를 얻은 갑이 당선된다. 하지만, 후보
에 대한 선호도가 연습문제 2와 같다고 하면, 나머지 62명은 갑을
가장 싫어한다(4순위). 결국 다수결 제도는 소수에 의해서 전체가
좌지우지되는 결과를 갖게 되므로, 공평한 결과라고 보기 힘들다.
이제 다른 투표방법을 생각해 보자.

쌍쌍비교법

투표자는 모든 후보에 순위를 정한다. 그리고 두 후보씩을 골라 누가 우위에
있는지를 정한다. 우위에 있는 사람에게는 1점을, 그렇지 않은 사람에게는 0
점, 동점자에게는 0.5점을 준다. 가장 많은 점수를 얻는 사람이 당선된다.

　쌍쌍 비교법을 콩도르세(Condorcet) 방법이라고도 한다. 다음과
같은 문제를 생각해 보자. 투표자 39명이 후보자 갑, 을, 병 3명 중
한명을 뽑으려고 한다. 다음 표는 후보자에 대한 선호도이다. 다수
결 제도나 쌍쌍 비교법으로 후보를 선출하고자 한다고 하자.

	13명	12명	14명
1순위	갑	병	을
2순위	을	갑	병
3순위	병	을	갑

다수결 제도에 의하면 을이 당선된다. 한편, 쌍쌍 비교법에 의하면 갑>을, 을>병, 병>갑이므로, 당선될 사람이 없다.

다음은 보르다 셈법(Borda count method)에 대한 설명이다.

보르다 셈법

투표자는 m명의 후보에게 순위를 정한다. 투표자가 가장 기피하는 후보에게는 1점을, 그 다음에겐 2점을, 가장 선호하는 후보에게는 m을 준다. 가장 많은 점수를 얻은 후보가 당선된다.

다음은 최소 득표자 탈락제에 대한 설명이다.

최소 득표자 탈락제

투표자는 모든 후보에 순위를 정한다. 만약 한 후보가 과반의 득표를 하면 당선된다. 만약 아무도 과반을 넘지 못하면 가장 적게 득표를 한 후보를 탈락시키고, (가능하면) 남은 사람들의 순위를 올린다. 한 후보가 과반의 득표를 할 때까지 이를 반복한다.

앞서 언급한 예에서 당선자를 보르다 셈법과 최소 득표자 탈락제에 따라 선출하자. 보르다 셈법에 의하면, 1순위에 3점을, 2순위에 2점을, 3순위에 1점을 부여하면,

$$갑은\ (13 \times 3) + (12 \times 2) + (14 \times 1) = 77,$$
$$을은\ (13 \times 2) + (12 \times 1) + (14 \times 3) = 80,$$
$$병은\ (13 \times 1) + (12 \times 3) + (14 \times 2) = 77\ 이다.$$

따라서 을이 당선된다. 한편, 최소 득표자 탈락제에 의하면, 누구도 과반수(19.5)를 넘는 사람이 없으므로 먼저 최소 득표자 병을 탈락시킨다. 그러면 다음과 같은 표가 된다.

	13명	12명	14벙
1순위	갑		을
2순위	을	갑	
3순위		을	갑

이제 빈칸을 채우기 위해 하나씩 위로 올리면 다음과 같이 된다.

	13명	12명	14명
1순위	갑	갑	을
2순위	을	을	갑

이에 따르면 갑이 25명이 되어 과반수를 넘어 당선이 된다.

지금까지 살펴본 4가지 방법을 보면, 사람들의 선호도가 변하지 않아도 당선자가 다르게 된다. 만약 당락의 우열을 가릴 수 없다면 어떻게 해야 하는가? 앞의 보르다 셈법의 예를 보면, 갑과 을이 둘 다 77점이다. 만약 갑, 을, 병 중에서 을을 의장으로 한 후, 부의장을 뽑는다면 갑과 병 중 누구를 선출해야 하는가? 갑과 병이 동전던지기를 해서 정할 수도 있다. 아니면, 1순위를 더 많이 차지한 갑(13명)이 병(12명)을 제치고 부의장이 되는 것이 더 합리적이라고 여겨질 수도 있다. 이와같이 당락의 우열을 가리지 못하면 어떻게 할지를 미리 정하는 것이 분쟁의 소지를 줄일 수 있다.

01 학과의 대표를 한 명 선출하는데, 갑, 을, 병이 후보이다. 17명의 학과 구성원은 1등부터 4등까지 선호도를 작성하였다. 다음은 이를 정리한 표이다.

	3	2	2	2	2	2	1	2	1
1순위	병	갑	을	정	을	갑	정	갑	병
2순위	정	정	갑	병	병	을	갑	병	정
3순위	갑	병	정	을	정	병	을	을	을
4순위	을	을	병	갑	갑	정	병	정	갑

(1) 최소득표자 탈락제로 당선자를 구하여라.

(2) 보르다 셈법으로 당선자를 구하여라.

(3) 개인사정으로 정이 대표선출투표에서 빠지기로 하였다. 이럴 때, 쌍쌍비교법을 이용하여 당선자를 구하여라.

02 후보 4명에 대해 투표자 100명이 다음과 같은 선호도로 투표하였다고 한다.

	38	27	21	11	3
1순위	갑	을	정	병	을
2순위	병	병	을	정	정
3순위	을	정	병	을	병
4순위	정	갑	갑	갑	갑

(1) 쌍쌍 비교법과 보르다 셈법, 최소 득표자 탈락제로 각각 당선자를 구하여라.

(2) 다수결 제도로 당선자를 구하여라. 이 경우 어떤 문제가 발생하는가?

투표제도의 문제점

후보선출방식이 합리적이 되기 위해서는 과반수 기준을 만족하는 것이 좋다. '과반수 기준'(majority criterion)이란, 유권자 수의 과반을 얻은 후보는 당선되어야 한다는 것이다. 이 기준은 어떤 후보도 과반수를 얻지 못할 때에 대해선 적용할 수 없다. 또한 투표의 승자가 반드시 과반수로 당선되어야 한다고 말하는 것도 아니다. 한 후보를 지지하는 사람들이 과반수이면, 다수결 제도나 최소 득표자 탈락제에 따르면 그가 당선된다. 따라서 다수결 제도나 최소 득표자 탈락제는 과반수 기준을 만족한다고 할 수 있다.

반면 보르다 셈법은, 다음 예에서 보듯 과반수 기준을 만족하지 못할 수 있다.

어느 큰 회사를 청주(C), 순천(S), 포항(P), 부산(B)이라는 도시 중 하나로 이전하려고 한다. 다음은 이전 위원회의 9명의 선호도 표이다.

	3명	2명	2명	1명	1명
1순위	C	S	C	P	S
2순위	S	B	P	S	B
3순위	B	P	S	C	C
4순위	P	C	B	B	P

다수결 제도에 의하면 어느 도시가 선택되는가? 또한 보르다 셈

법에 의하면 어느 도시가 선택되는가? 이를 살펴보면, 청주가 5표, 순천이 3표, 포항이 1표, 부산이 0표를 받았다. 9표 중에서 청주가 과반수의 표를 받았으므로, 청주가 이전도시로 선택된다. 한편, 보르다 셈법에 의하면,

$$청주: (5\times4)+(0\times3)+(2\times2)+(2\times1)=26점$$
$$순천: (3\times4)+(4\times3)+(2\times2)+(0\times1)=28점$$
$$포항: (1\times4)+(2\times3)+(2\times2)+(4\times1)=18점$$
$$부산: (0\times4)+(3\times3)+(3\times2)+(3\times1)=18점$$

이 된다. 따라서 점수를 가장 많이 받은 순천이 이전도시로 결정된다. 하지만 순천은 과반수 기준을 만족하지 않는다.

후보선출방식이 합리적이 되기 위해서는 다른 어떤 후보와 비교하여도 우위에 있는 후보가 당선되어야 한다. 이를 '콩도르세 기준'(Condorcet criterion)이라고 한다. 이렇게 다른 후보에 비해 우위에 있는 후보를 콩도르세 후보라고 한다. 어떤 후보가 과반의 표를 받으면 그는 콩도르세 후보가 된다. 또한 콩도르세 기준을 만족하는 투표방식은 자동적으로 과반수 기준을 만족하게 된다.

산악모임에서 어떤 산을 등산할지 결정하고자 한다. 북한산(B)과 청계산(C), 감악산(G) 중 하나로 결정하려는데, 모임의 구성원 일곱 명의 선호도 표는 다음과 같다.

	3명	2명	2명
1순위	B	G	C
2순위	G	C	G
3순위	C	B	B

다수결로 결정하면 어느 산으로 정해지는가? 북한산이 가장 많은 표를 얻었으므로 북한산으로 결정된다. 하지만 쌍쌍 비교를 하면, 북한산(3)보다 청계산(4)이나 감악산(4)의 선호도가 더 높다. 또 청계산과 감악산을 비교하면, 청계산(3)보다 감악산(5)이 더 높다. 즉, 감악산이 콩도르세 후보가 된다. 따라서 다수결로 북한산으로 정하는 것은 콩도르세 기준을 위반하게 된다.

이외에도, 후보선출방식이 합리적이 되기 위해서는 당선자가 정해졌을 때, 그에게만 유리하도록 선호를 바꾸어 재투표하여도 당선자는 바뀌지 않아야 한다. 이를 '단조 기준'(monotonicity criterion)이라고 한다.

어느 마을의 이장을 선출하고자 한다. 세 후보 갑, 을, 병에 대하여 41명의 마을 사람들의 선호도 표는 다음과 같다.

	14명	12명	5명	10명
1순위	갑	을	병	병
2순위	병	갑	갑	을
3순위	을	병	을	갑

최소득표자 탈락제로 선출한다면 누가 이장이 되는가? 갑은 14표, 을은 12표, 병은 15표를 얻는다. 어느 누구도 과반인 21표를 얻지 못했으므로, 을을 제외한다.

	26명	15명
1순위	갑	병
2순위	병	갑

새롭게 작성된 표에 의하면 갑이 26의 과반수표를 얻어 이장으로 당선된다. 그런데, 갑자기 일부 사람들이 선출과정의 문제점을 발견하여 재투표를 하자고 주장하였다. 그래서 다시 투표하였는데, 다른 사람들은 이전과 동일하게 투표하였지만, 원래 '병-갑-을'의 순서로 적은 사람들 중에서 4명이 '갑-병-을'의 순서로 바꾸어 선호도를 적어냈다고 하자. 분명 앞에서 갑이 당선되었고, 또 재투표할 때도 4명의 유권자들이 갑에게 유리하게 선호도를 바꾸었으므로, 당연히 갑이 당선되리라고 기대할 수 있다.

	18명	12명	1명	10명
1순위	갑	을	병	병
2순위	병	갑	갑	을
3순위	을	병	을	갑

위는 바뀐 표이다. 따라서 갑은 18표, 을은 12표, 병은 11표가 되어, 이제 (앞의 을 대신) 병이 빠지게 된다.

	10명	22명
1순위	갑	을
2순위	을	갑

바뀐 표를 보게 되면, 과반수의 표를 얻은 을이 이장으로 당선된다. 예기치 않은 이 결과로 인해, 우리는 위의 선출방식이 단조 기준을 위반함을 알게 된다.

마지막으로, 후보선출방식이 합리적이 되기 위해서는, 다른 후보가 중도에 사퇴하더라도 당선자가 바뀌지 않아야 한다. 이를 '사퇴자와 무관한 기준'(irrelevant-alternatives criterion)이라고 한다. 독서토론모임에서 다음에 읽을 책을 정하려고 한다. 추리소설(M)과 역사소설(H), 그리고 공상과학소설(S) 중에서 한 권을 고르는데, 다섯명의 회원들의 선호도 표는 다음과 같다.

	2명	1명	2명
1순위	M	H	S
2순위	S	M	H
3순위	H	S	M

최소 득표자 탈락제로 책을 고르면, 어떤 책으로 결정되는가? 따져보면 추리소설이 된다. 그런데 알고 보니 읽으려는 공상과학소설이 도서관에 없다는 사실을 알게 되었다. 그래서 이 책을 빼고 다

시 어떤 책을 읽을지 결정하려고 한다. 그러면 결과가 달라지는가? 공상과학소설을 빼고 나면 표는 다음과 같이 된다.

	2명	3명
1순위	M	H
2순위	H	M

이 표에 의하면 과반(3)을 얻은 역사소설로 결정된다. 따라서 이 선출방식은 `사퇴자와 무관한 기준'을 위반하고 있다.

다음은 각 후보선출방식과 앞에서 제시한 네 가지 선출 기준과의 상관관계이다.

제도 기준	과반수	콩도르세	단조	사퇴자 무관
다수결	Yes	No	Yes	No
씽쌍비교	Yes	Yes	Yes	No
보르다셈법	No	No	Yes	No
최소득표자 탈락	Yes	No	No	No

이와 같이 여러 후보선출방식에는 약점이 있다. 이에 관해 미국 경제학자 Kenneth Arrow(1921~)는 "3인 이상의 후보가 있을 때 네 가지 기준을 모두 만족시키는 선출방법은 존재하지 않는다"는 `불가능 정리'(Arrow impossibility theorem)를 발표하였다. 하지만 애로우의 불가능 정리로 인해 완벽한 투표제도는 없더라도, 우리는 여전히 보다 좋은 투표제도를 찾아보려고 노력할 수 있다.

> **승인투표제**
> 각 투표자는 후보 중에서 자신이 승인하는 후보들 모두에게 투표한다. 가장 많은 표를 받은 후보가 당선된다.

'승인투표제'(approval voting)는 각 투표자가 자신이 승인하는 후보에 투표하는 방법이다. 투표자는 각 후보에 대한 순위를 정할 필요가 없고 한 명이상에 투표할 수 있다. 어떤 투표자는 한 사람에게만 투표할 수도 있지만, 모든 사람에게 투표할 수도 있다. 가장 많은 표를 받은 사람이 당선된다.

승인투표제의 장점은 한 명 이상의 후보를 뽑고자 할 때에도 적용될 수 있다는 점이다. 두 명의 후보를 선택하고자 한다면, 가장 많은 표를 받은 두 명의 후보를 선출하면 된다.

승인투표제를 사용하여 세 명의 후보 갑과 을, 병 중에서 두 명의 후보를 선출하고자 한다. 아홉 명의 유권자의 선호도는 다음 표와 같다.

	1	2	3	4	5	6	7	8	9
갑	X	X	X	X			X	X	
을	X	X		X	X		X	X	X
병		X	X			X		X	X

누가 당선되는가? 만약 투표자 중 한 명이 모든 후보에게 투표한다면 어떤 변화가 있는가? 갑은 6표를, 을은 7표를, 병은 5표를 받았으므로, 갑과 을이 당선된다. 그리고, 만약 외부에서 추가로 참여한 어떤 다른 투표자가 모든 후보에게 투표해도 투표 결과에는 아무런 차이가 없게 된다.

한편, 영국의 변호사 T. Hare는 1850년에 다음과 같은 복수 선출법을 제안하였다. 이는 복수의 당선자를 선출하는 방법에 최소 득표자 탈락제를 적용한 것으로, 'Hare식 선출법'이라고 한다. 이는 아카데미 시상식에서 사용하는 방법이기도 하다.

(1) 여러 후보 중에서 n명을 선정한다.
(2) 1순위에 당선 표수(정원, quota)이상인 후보는 당선된다.
(3) 당선자가 없으면 최소 득표자를 탈락시키고, 그를 1순위로 지지한 표의 나머지 순위를 하나씩 올린다.
(4) 1순위에 정원 이상인 후보를 얻을 때까지 위 과정을 반복한다.
(5) 정원 이상인 후보가 있으면 그 후보를 당선시키고 그를 정원 이상으로 지지한 표를 나머지 후보에게 적정 비율로 나누어 준다.
(6) 당선자를 모두 뽑을 때까지 반복한다.

여기서 당선 표수란 다음과 같다. 예를 들어, 100명의 투표자가 여러 후보 중에서 2명을 선정 할 때 3명이 당선되지 않게 하려면 각 당선자는 100/3보다 많은 표를 얻어야 한다. 그러므로 정원은 100/3보다 큰 자연수 중에서 가장 작은 수이다. 즉, 34가 당선 표수이다. 100명 중 3명일 때는 당선 표수가 26명이고, 4명일 때는 21명, 5명일 때는 17명, 6명일 때는 15명이다.

다음 예에서 2명을 선정하려고 한다. 총 표수가 100이므로 당선 표수는 34이다.

	36	22	8	16	18
1순위	갑	병	정	정	을
2순위	을	정	병	을	병
3순위	병	을	을	병	정
4순위	정	갑	갑	갑	갑

갑이 당선되고 나면 남는 표는 36-34=2표이다. 따라서

	2	22	8	16	18
1순위	을	병	정	정	을
2순위	병	정	병	을	병
3순위	정	을	을	병	정

이제 당선 표수를 넘는 후보가 없으므로, 최소 득표자 을이 탈락한다. 따라서 다음 표와 같이 된다.

	2	22	8	16	18
1순위	병	병	정	정	병
2순위	정	정	병	병	정

그러면 병이 42표를 얻어 당선 표수를 만족시켜 2위로 당선된다.

01 장학금 위원회에서 3명의 후보 중 한 명에서 장학금을 수여하고
자 한다. 위원은 총 17명이고 각자의 선호도는 다음 표와 같다.

순위	6	5	4	2
1등	갑	을	병	병
2등	병	갑	을	갑
3등	을	병	갑	을

(1) 최소 득표자 탈락제로 당선자를 구하여라.

(2) 선호도가 '병〉갑〉을'이었던 두 명의 교수가 마지막 순간에 선
호도를 '갑〉병〉을'로 바꾸었다고 한다. 이 경우에 최소 득표
자 탈락제로 당선자를 구하여라.

(3) 위 문제 (2)는 합리적인 후보선출방식 기준 중에서 위반하는
기준이 있는가? 있다면 어떤 기준인가?

02 다음과 같은 후보자에 대한 선호도에서 Hare식 선출법으로 2명
을 선출하고자 한다. 누가 당선이 되는가?

	6	6	5
1순위	갑	갑	갑
2순위	을	병	정
3순위	병	정	을
4순위	정	을	병

2.3 외판원 문제 ────── ·

그래프

어느 마을의 지도를 그리고자 한다. 이 과정에서 집을 점으로 표시하고, 집과 집 사이를 연결하는 도로들을 선으로 표현한다. 그렇게 그린 것이 그림 2.3.1이라고 하자. 선은 직선이 아니어도 되고, 길이가 서로 다르다는 점은 신경쓰지 말자. 여기서는 오직 연결 관계만 중요하다. 이와 같이 몇 개의 점(vertex)과 점을 연결한 변(edge)으로 이루어진 도형을 그래프(graph)라고 한다.

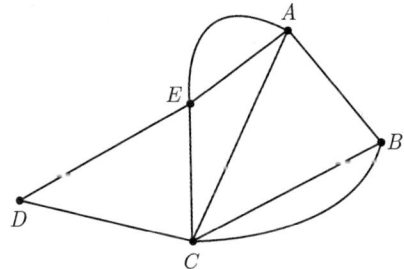

그림 2.3.1 : 그래프로 표현된 마을 지도

그래프를 이용하면 현실 세계의 복잡한 관계를 보다 단순한 수학적 모델로 바꿀 수 있는 장점이 있다.10) 예를 들면, 어느 모임에 모인 사람들이 하루 종일 악수한 일도 그래프로 나타낼 수 있다. 편의상 이 장에서는 임의의 두 꼭짓점 간에 경로가 존재하는 그래프만 생각하기로 하자(이를 연결 그래프라고 한다).

─────────────

10) 이 절은 [1], [18], [22] 등을 참조하였다.

그래프의 한 꼭짓점에서 변을 따라 변을 거듭 반복하지 않고 다른 꼭짓점으로 이동할 때, 꼭짓점(또는 변)을 순서대로 나열한 것을 그래프의 경로(path)라고 한다. 예를 들면, 그림 2.3.1에서 A에서 D로 가는 경로 중에서 B를 경유하지 않는 경로는 AED, AEACD, AECD, ACED, ACEAED 등이 있다. 그래프의 경로 중에서 모든 변을 단 한번씩 지나는 경로를 오일러 경로(Euler path)라고 한다. 예를 들어 B나 C에서 시작하면, 모든 변을 거쳐서 C나 B로 가는 오일러 경로가 존재한다. 오일러 경로는 '한붓그리기'라고도 한다.

그래프의 경로 중에서 시작하는 꼭짓점(출발점)과 끝나는 꼭짓점(종착점)이 같은 경우를 회로(circuit)라고 한다. 예를 들면, 그림 2.3.1에서 CDAECABC는 C에서 시작해서 C로 돌아오는 회로이다. 오일러 경로 중에서 회로가 되는 경우를 오일러 회로(Euler circuit)라고 한다. 그림 2.3.1의 그래프에는 오일러 회로가 존재하지 않는다.

한편, 그래프의 경로 중에서 모든 꼭짓점을 한 번씩만 지나는 경로를 해밀턴 경로(Hamiltonian path)라고 한다. 또한 해밀턴 경로 중 회로가 되는 경로를 해밀턴 회로(Hamiltonian circuit)라고 한다. 그림 2.3.1에서 ABCDEA는 해밀톤 회로이다. 이때 그래프의 모든 변을 지날 필요가 없음에 유의하자.

오일러 경로와 해밀턴 경로는 어떻게 다른가? 만약 마을 길에 떨어진 낙엽을 청소하는 차의 운전수가 각 길(변)을 한 번씩만 지나고자 한다고 한다. 그렇다면 그는 모든 길을 지나야 하므로 오일러 경로를 따라 이동할 것이다. 반면에, 우편배달기사가 모든 집(점)을 방문하여 통지문을 전달하고자 하자. 그는 모든 길을 따라 움직일 필요는 없으므로 당연히 해밀턴 경로를 따라 움직일 것이다.

앞에서 우리는 주어진 그래프에 오일러 경로나 오일러 회로가 존재하는지 여부에 대해서 언급한 바 있다. 이 사실을 쉽게 아는 방법이 있는가? 있다. 한 점에서 만나는 변의 개수를 그 점의 차수(degree)라고 하는데, 그 차수가 짝수이면 그 점을 짝수 점, 홀수이면 그 점을 홀수 점이라고 한다. 예를 들어, 그림 2.3.1의 그래프에서 A의 차수는 4, B의 차수는 3, C의 차수는 5, D의 차수는 2, E의 차수는 4이다. 따라서 홀수 점은 두 점, 짝수 점은 세 점이 있다. 실제로 어떤 그래프에서든 각 꼭짓점의 차수의 합은 변의 개수의 2배이고, 홀수 점은 항상 짝수개라는 사실이 알려져 있다(연습문제 1 참조). 다음은 위 질문의 답이다.

> **오일러 회로와 경로**
> 그래프가 오일러 경로를 가질 필요충분조건은 이 그래프가 홀수 점을 0개 또는 2개 가지는 것이다. 특히 모든 꼭짓점이 짝수 점이면 오일러 회로가 존재한다.

이는 2개 이상의 꼭짓점을 가진 (연결) 그래프에서 성립하는 것으로 오일러가 증명한 정리이다. 이에 따르면, 그림 2.3.1에 오일러 경로는 존재하지만 오일러 회로가 존재하지 않는 이유를 금방 알 수 있다. 그렇다면 해밀턴 경로나 회로가 존재할 필요충분조건은 무엇인가? 이는 어려운 문제로 아직까지 발견되지 않았다.

한편, 여러 도시를 방문해야 하는 외판원이 자신이 다니는 길의 거리를 최소화하기 원한다고 하자. 이 문제 역시 그래프를 이용해 풀 수 있는데, 여기서 그래프의 각 변에 거리를 표시한다. 이렇게 각 변에 가중치(weight)를 첨가한 그래프를 가중 그래프(weighted graph)라고 한다. 이 가중치로는 가격, 시간, 거리, 또는 다른 값 등이 될 수 있다.

예를 들어, 어느 외판원이 버스를 타고 다섯 도시 A, B, C, D, E를 방문하고자 한다. 이때 각 도시 간의 이동거리(단위는 km)는 다음과 같다. 단, 여기서 모든 도시 사이에 버스 노선이 개설된 것은 아니며, 노선이 없는 경우 '없음'으로 표시하였다.

	A	B	C	D	E
A	–	66	62	160	91
B	66	–	27	없음	127
C	62	27	–	없음	없음
D	160	없음	없음	–	49
E	91	127	없음	49	–

이를 가중 그래프로 나타내면 그림 2.3.2와 같다. 이제 외판원이 D도시에서 C도시로 이동하는 두 개의 경로를 찾고 각각의 이동 거리를 계산해보자. 그러면, 그중 한 가지 경로는 E, B를 거치는 방법으로, 이동 거리는 49+127+27=203 km이다. 또 다른 경로는 A를 거치는 방법으로, 이동 거리는 160+62=222km가 된다. 위의 외판원이 최단 거리를 원한다면 이 중 앞의 경로를 택할 것이다.

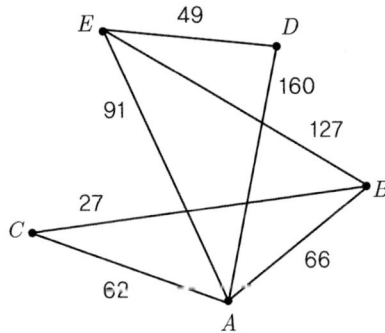

그림 2.3.2 : 가중 그래프

01 어떤 그래프에서든 각 꼭짓점의 차수의 합은 변의 개수의 2배이다. 이를 악수 정리(hand-shaking theorem)라고 한다. 다른 말로 하면, 악수를 하려면 반드시 두 사람이 있어야 한다는 뜻이다. 이 사실로부터, 그래프의 홀수 점이 항상 짝수 개임을 보일 수 있다. 왜 그런지 설명하여라.

02 본문의 그림 2.3.1에서 A에서 D로 가는 경로 중, B를 포함하는 경로를 모두 구하여라.

외판원 문제

이 절에서는 외판원 문제(Traveling salesperson problem)라고 알려진 유명한 문제를 다루고자 한다.

그래프에는 완전 그래프(complete graph)라는 것이 있다. 이는 그래프에 있는 모든 꼭짓점의 쌍이 하나의 변으로만 연결되어있는 경우를 일컫는 말이다. 다음은 그래프의 점이 각각 세 점, 네 점, 다섯 점, 여섯 점 만 있을 경우의 완전 그래프의 예이다.

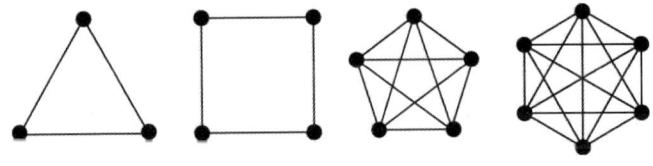

그림 2.3.3 : 완전 그래프

만약 각 변에 가중치가 주어져 있으면, 이를 '가중 완전 그래프'(weighted complete graph)라고 한다. 이 용어를 사용하면 위의 외판원 문제는 이렇게 바꾸어 말할 수 있다. "가중치가 주어진 완전 그래프에서 가장 작은 가중치를 가지는 해밀턴 회로를 구하여라."

아래 표는 어느 기술자가 보일러가 설치된 다섯 장소를 순회 점검하고자 장소를 A, B, C, D, E라고 표시할 때, 각각의 거리를 나타낸 표이다. 여기서 단위는 km이다.

	A	B	C	D	E
A	–	13	11	17	15
B	13	–	20	19	18
C	11	20	–	12	14
D	17	19	12	–	16
E	15	18	14	16	–

이를 가중 완전 그래프로 표현하면 다음과 같다.

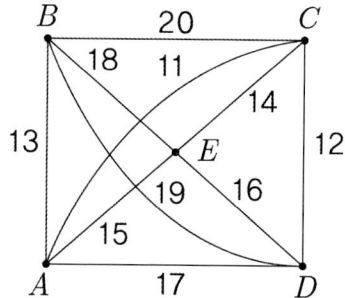

그림 2.3.4 : 가중 완전 그래프

위의 기술자는 늘 A에서 출발해서 ABCDE의 순서로 돌아다니다가 A로 돌아오곤 하였다. 이렇게 이동하는 총 거리는 76km이다. 이제 그는 더 나은 경로를 찾기로 한다. 어떤 방법이 있는가?

한 가지 방법은 A에서 A로 돌아오는 해밀턴 회로를 모두 구하고, 각각의 거리를 계산하는 방법이다. 이를 brute-force 알고리즘이라고 한다. 다음은 이를 표로 만든 것이다.

회로	거리	회로	거리	회로	거리
ABCDEA	76	ACDBEA	75	ADEBCA	82
ABCEDA	80	ACDEBA	70	ADECBA	80
ABDCEA	73	ACEBDA	79	AEBCDA	82
ABDECA	73	ACEDBA	73	AEBDCA	75
ABECDA	74	ADBCEA	85	AECBDA	85
ABEDCA	70	ADBECA	79	AECDBA	73
ACBDEA	81	ADCBEA	82	AEDBCA	81
ACBEDA	82	ADCEBA	75	AEDCBA	76

표에서 보듯이 해밀턴 경로의 수는 4!이다. 왜냐하면 A에서 다음 장소를 정할 때 4개 중에 아무거나 하나를 정할 수 있고, 그 다음에는 3개 중 아무거나, 다음은 2개 중 아무거나 정하므로, 경로 수는 $4! = 4 \times 3 \times 2 \times 1 = 24$개가 된다. 위 표의 결과로 우리는 ABEDCA와 ACDEBA가 최단 거리임을 알게 되었고, 기존의 경로 ABCDE보다 6 km가 더 짧은 경로임을 알게 되었다.

brute-force 알고리즘의 방법에는 치명적인 단점이 있다. 그것은 꼭짓점의 수가 늘어나면 컴퓨터로 계산해도 많은 시간이 걸린다는 점이다. A를 출발점으로 하는 해밀턴 회로의 수는, 꼭짓점의 수가 8개로 늘어나면 5000개가 넘고, 14개이면 60억이 넘게 된다. 100개를 넘으면 어마어마한 시간이 걸린다. brute-force 알고리즘의 방법보다 시간이 적게 걸리면서 원하는 해밀턴 회로를 찾는 알고리즘은 많은 노력에도 불구하고 아직까지 찾지 못했다. 하지만 원하는 알고리즘에 근사하는 방법은 알려져 있다. 이 방법을 사용하면, 최솟값을 갖는 해밀턴 회로는 발견하지 못할 수 있지만, 적어도 최솟값에 가까운 해밀턴 회로를 보다 빠른 시간 내에 찾을 수 있다. 이는 시간 절약의 의미에서 큰 장점이 있다.

여기서 소개하는 근사방법은 nearest-neighbor 알고리즘이다(이를 greedy 알고리즘이라고도 한다). 이는 한 꼭짓점에서 출발하여 지나가지 않은 꼭짓점 중에서 가장 가중치가 작은 변을 따라 다음 꼭짓점으로 이동한다. 그리고 다음으로 이동할 때도 같은 방법으로 한다. 이런 식으로 경로를 따라가다가 남은 꼭짓점이 없으면 출발점으로 돌아간다. 원래 근방(neighbor)이란 주어진 꼭짓점과 변으로 연결된 꼭짓점을 말하는데, 완전 그래프에는 모든 꼭짓점이 근방이 된다. 이 방법을 사용하면 위의 기술자의 경우에는 ACDEBA가 된다. 이는 70 km으로 (우연의 일치로) 최단의 해밀턴 회로가 된다.

일반적으로 nearest-neighbor 알고리즘은 최솟값을 갖는 해밀턴 회로를 발견하지 못한다. 하지만 출발점을 달리해서 nearest-neighbor 알고리즘을 반복적으로 적용하면, 이 과정을 통해 보다 좋은 최솟값을 값을 가지는 해밀턴 회로를 발견할 수 있다.

01 6개의 세탁소를 운영하는 사장이 보수유지와 수리를 위해 매일 각 세탁소를 한 번씩 방문한다고 한다. 처음에 사장이 X에서 출발해서 다른 세탁소를 방문하는데, 각 세탁소 간 거리(단위는 km이다)는 다음 표와 같다. nearest-neighbor 알고리즘의 방법으로 최단 거리에 가까운 해밀턴 회로를 구하여라.

	X	A	B	C	D	E
X	–	33	47	30	29	50
A	33	–	32	55	31	22
B	47	32	–	31	41	46
C	30	55	31	–	40	60
D	20	31	41	40	–	12
E	50	22	46	60	12	–

02 위의 문제 01에서 출발점을 달리해서 nearest-neighbor 알고리즘을 반복적으로 적용하면 어떤 해밀턴 회로를 구하게 되는가? 그 중 최솟값을 가지는 해밀턴 회로는 무엇인지 구하여라.

2.4 금융 수학 ──── •

지난 30년 동안 파생상품은 자본시장에서 중요성이 점차 증가하고 있다. 선물과 옵션은 현재 전 세계의 많은 거래소에서 활발히 거래되고 있다. 선도계약과 스왑, 그리고 많은 형태의 옵션들이 금융기관, 펀드매니저 그리고 기업 재무관리자들에 의하여 장외시장이라는 이름의 장외 거래소에서 정규적으로 활용되기도 한다. 자본시장에서 일하는 사람들은 파생상품의 구조와 활용방법 및 가격 결정 논리를 이해할 필요가 있다. 파생상품은 기초변수의 가치에 의해 가치가 결정되는 금융상품이다. 파생상품에 기초하는 변수는 거의 대부분 자산의 가격이다. 예를 들어 주식 옵션은 가치가 주식의 가격에 의존하는 파생상품이다. 그러나 파생상품의 가격은 돼지 가격에서부터 스키장의 적설량에 이르기까지 어떤 변수에 의해서도 결정될 수 있다.

실제로 우리는 살면서 많은 선택을 한다. 우리는 하루 27건의 판단을 내리고 평생 78만번의 선택을 한다. 매일 결정의 최소한 5분의 1에 대해서는 후회를 한다. 예를 들어 지금 컴퓨터를 산다고 하자. 그런데 40만 원에 좋은 컴퓨터를 살지, 아니면 내년에 CPU를 upgrade해주는 조금은 떨어지는 컴퓨터를 30만 원에 살지 고민한다고 하자. 이는 옵션의 일종이다. 내년 CPU의 가격에 따라 현재 컴퓨터 30만 원의 가치가 비싼지 싼지가 결정될 것이다. 이와 같이 옵션은 평생 경험하는 일이다. 이 장에서는 주로 옵션과 수학과의 관계를 살펴보고자 한다.

먼저 투자자의 입장에서 옵션을 생각해 보자. 12월 현재 투자자는 앞으로 2개월 후에 아마존닷컴의 가치가 상승할 것으로 예상하고 있다고 가정하자. 현재 아마존닷컴의 주가는 20달러이다. 만기가 2개월이고 행사가격이 22.50달러인 콜옵션의 시장가격이 현재 1달러이다. '(유러피언) 콜옵션'이란, 소유자에게 약정일에 미리 정한 가격으로 기초자산을 살 수 있는 권리를 부여한 옵션을 말한다. 즉, 만기일에만 행사가 가능한 옵션이다.

아래 표는 2,000달러를 투자하려는 투자자의 2가지 투자전략을 보여주고 있다. 첫번째 전략은 아마존닷컴 주식 100주를 직접 매입하는 전략이다. 두 번째 전략은 아마존닷컴 주식에 대한 2,000개의 콜옵션을 매입하는 전략이다. 투자자의 예측이 맞아 떨어져서 내년 2월에 아마존닷컴의 주가가 27달러로 상승한다고 하자. 직접 주식을 매입하는 첫 번째 전략은 다음과 같이 700달러의 이익을 창출한다.

$$100 \times (\$27 - \$20) = \$700.$$

그러나 콜옵션을 매입하는 두 번째 전략은 이보다 훨씬 더 많은 이익을 창출한다. 콜옵션이 27달러 가치의 주식을 22.50달러에 살 수 있게 하므로, 아마존닷컴 주식에 대한 콜옵션(행사가격=22.50달러) 1개는 4.50달러의 이익을 얻게 해준다. 따라서 매입한 콜옵션 계약 (즉, 2,000주의 주식을 매입할 수 있는 계약)의 총 수익은 2000 곱하기 4.50 달러로 9000달러이다.

각 전략의 손익비교

투자자 전략	2월의 주식가격	
	15달러	27달러
주식 100주 매입	(500 달러)	700 달러
콜옵션 2,000개 매입	(2,000 달러)	7,000 달러

결국 옵션투자의 이익은 옵션계약의 총가치 9,000달러에서 옵션 매입비용 2000 곱하기 1달러로 2,000달러를 차감한 7,000달러이다. 따라서 콜옵션 매입전략을 통해 얻는 이익이 주식매입을 통해 얻는 이익의 10배에 이른다. 물론 옵션 매입전략이 더 큰 잠재 손실을 갖고 있다. 내년 1월에 주가가 15달러로 하락한다고 하자. 주식을 매입하는 첫 번째 전략은 다음과 같이 500달러의 손실을 낳는다.

$$100 \times (\$20 - \$15) = \$500$$

주식가격이 15달러로 하락하면 콜옵션이 행사되지 않고 소멸되므로, 옵션 매입전략은 2,000달러의 손실을 가져온다. 이 금액은 콜옵션을 구입하는 데 소용된 총비용이다. 이렇게 옵션투자는 손익확대 효과가 있다. 즉, 좋은 결과는 더 좋게, 나쁜 결과는 더 나쁘게 한다.

차익거래가격 결정이론

지금부터는 이익(profit, 비용을 뺀 차액)이 아니라 수익(payoff, 어떤 일을 해서 얻는 댓가)에 대해서만 생각하기로 한다. 다음과 같은 문제를 생각해 보자

> 지금 어느 회사의 주식값이 주당 10,000원이다. 그런데 한달 후에는 주가가 16,000원이 되거나 또는 8,000원이 되는 두 가지 가능성 밖에 없다고 하고 그 확률이 반반씩이라고 한다. 한달 후에 12,000원으로 이 회사의 주식을 살 수 있는 권리의 가치를 얼마로 계산하는 것이 타당한가?

이는 차익거래 가격 결정이론을 이해하는 데 좋은 모델이다.[11] 차익거래 가격 결정이론에는 이항옵션 가격 결정(Binomial option-pricing) 모형과 연속모형이 있는데, 위의 문제는 이항옵션 가격 결정모형이다. 이론적 설명을 위해 거래비용은 없고 이자율도 0%이며 또 얼마든지 주식을 사거나 팔 수 있고, 은행에서 돈도 얼마든지 빌릴 수 있다고 하자.

우선 한달 후 주가가 16,000원이 되면 이 권리는 4,000원의 이익을 볼 수 있고 만약 주가가 8,000원이 되면 권리를 행사하지 않으면 되니까 손해를 볼 위험이 없게 된다. 따라서 이익을 볼 가능성은 있고, 손해를 볼 가능성이 없는 이 권리를 무상으로 받을 수 있

---

11) 이 장은 [15]를 참조하였다

다면 누구나 이 권리를 갖고 싶어할 것이기 때문에 이 권리는 확실히 어떤 경제적 가치를 가지고 있다. 이러한 권리를 옵션이라 부른다. 옵션을 현재 사는 사람과 파는 사람 양측에 부당한 이익이나 손해를 입히지 않는 공정한 가격이 무엇인지를 결정하는 방법을 차익거래가격 결정이론(Arbitrage Pricing Theory)이라고 부른다.

먼저 주가가 16,000원으로 올랐다고 하자. 이때는 16,000원짜리 주식을 12,000원에 사서 곧바로 팔면 4,000원의 이익을 볼 수 있다. 반대로 주가가 8,000원으로 떨어졌을 경우는 이 옵션을 행사하지 않으면 되므로 적어도 손해는 보지 않는다. 각 경우가 발생한 확률이 0.5이므로 수익의 기댓값은 4,000 곱하기 0.5로 2,000원이다.

만약 이 옵션이 개당 2,000원으로 거래된다고 하자. 그런데 당신이 2,000원을 주고 지금 이 옵션을 산다는 것은 적절하지 않다. 왜 그런가? 당신이 2,000원으로 이 옵션을 사는 대신에 옵션의 소유자에게 이를 빌려 2,000원에 팔고, 은행에서 3,000원을 더 빌려서 5,000원으로 주식 1/2을 사면 어떻게 될까를 따져보자. 만약 한달 후 주가가 오른다면, 당신의 주식의 가치는 16,000의 반인 8,000원이 된다. 이를 팔아 은행에서 빌린 돈 3,000원을 갚으면 5,000원이 남는다. 여기서 당신이 판 옵션은 이제 그 가치가 4,000(=16,000-12,000)원이 되었으므로 옵션의 소유자에게 4,000원을 부담하고 나면 순이익 1,000원이 남게 된다. 만약 주가가 떨어지는 경우 당신이 판 옵션은 그 가치가 0이 되므로, 당신은 은행에서 빌린 돈 3,000원만 갚으면 된다. 그런데 당신이 소유한 주식의 가치는 8,000의 반인 4,000원이므로 이 경우에도 1,000원의 이익이 남게 된다.

따라서 2,000원으로 이 권리가 거래되면 이 권리를 이용한 사람은 어느 경우에도 1,000원의 무위험이익(riskless profit)을 보게 되고, 이러한 논증 방식은 이 권리를 사는 사람 입장에서도 똑같이 적용된다. 따라서 이 옵션은 1,000원으로 거래되는 것이 공정하다. 위와 같이 어떤 경우에 사는 사람 또는 파는 사람 누구에게도 무위험 이익이 발생하지 않도록 가격을 정하는 방법이 차익 거래가격 결정이론이다.

† 위의 논증 방식을 수학적으로 정리해 보자. 우선 현재의 주가를 S_0, 한달 후의 주가를 S_1이라 하면, $S_0 = 10,000$이고 S_1은 값을 각기 16,000 또는 8,000으로 갖는 확률변수(random variable)이다. 즉 사건 공간을 $\Omega = \{\omega_1, \omega_2\}$이라 하면, S_1은 $S_1(\omega_1) = 16,000$, $S_1(\omega_2) = 8,000$이고, 그 확률을 P라 하면, $P(\omega_1) = 0.5$, $P(\omega_2) = 0.5$이다. 옵션의 가치 또한 확률변수 X로 표시할 수 있는 데 $X = (S_1 - K)^+$이 된다. 여기서 $Y^+ = \max[Y, 0]$을 의미하고, $K = 12,000$이다.

이때 $X(\omega_1) = 4,000$, $X(\omega_2) = 0$이 된다.

확률변수 X의 주어진 확률 P에 대한 기대값은

$$E_p[X] = (16,000 - 12000) \times 0.5 = 2,000원$$

인데 이것이 이 옵션의 가격이 아님은 위에서 밝혔다. 실제로 새로운 확률 Q를 도입하여 S_1이 Q에 대하여 마팅게일(Martingale)이 되게 하는 확률을 찾으면 $Q(\omega_1) = 0.25$, $Q(\omega_2) = 0.75$가 되는데 (즉, $1,6000 \times 0.25 + 8,000 \times 9.75 = 10,000$), 이 확률 Q를 위험 중립 측도(Risk neutral probability measure) 또는 Martingale measure 라 부른다. X의 Q에 대한 기댓값은

$$E_Q[X] = 4,000 \times 0.25 = 1,000 원$$

이 되며, 이렇게 가격을 결정하는 것을 위험 중립가격 결정원리 (Risk neutral valuation principle)이라 한다. 이 예는 위험 중립가격 결정 이론을 잘 설명한다. ■

　이항옵션 가격 결정모형의 다른 예를 살펴보자. 주당 $100인 주식이 있는데 한 달이 지나면 가격이 $110로 올라갈 수도 있고, $90로 내려갈 수도 있다고 한다. 다른 경우는 없다.

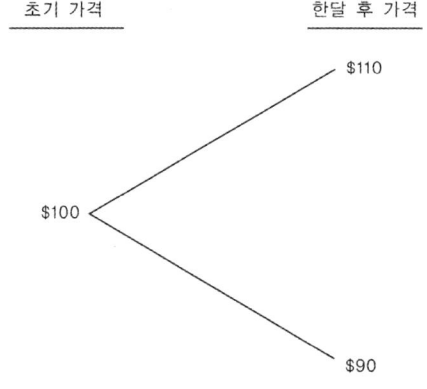

그림 2.4.1 : 주식의 한달간 변화

이 주식에 대해 콜옵션이 있다고 하자. 콜옵션의 권리행사가격(대
상자산을 매수할 수 있는 가격, 옵션의 행사로 옵션계약이 대상 선
물계약이나 실물로 전환될 수 있는 미리 정해진 가격)이 $100라고
하자. 이 콜옵션의 가치는, 한 달 후에 주가가 $110일 때는 $10이
고, $90이면 0이다. 그래서 한 달 후 이 콜옵션의 수익은 $110일
때 $10, $90일 때 $0이다.

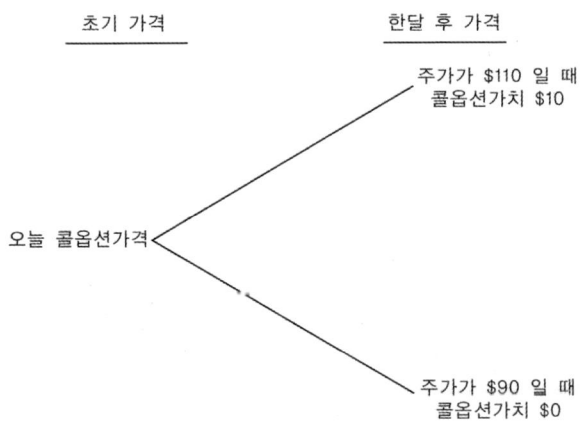

초기 가격   한달 후 가격

주가가 $110 일 때
콜옵션가치 $10

오늘 콜옵션가격

주가가 $90 일 때
콜옵션가치 $0

그림 2.4.2 : 콜옵션 가치의 변화

자산의 특정한 조합을 포트폴리오라고 한다. 이러한 상황에서 **오
늘 콜옵션가격은 얼마여야 하는가**? 예를 들어 설명하자. 만약 우리
가 주식의 반을 $50에 사고($100의 반), 동시에 콜옵션의 권리행사
가격을 $100이라고 쓰고 **매도한** 후 한 달을 기다린다고 하자. 우리
의 투자는 콜옵션의 현재 가격보다 $50이 적다. 이 상황에서 한 달
후의 수익은 다음과 같다. 만약 주가가 $110이면 우리의 주가는

$55이 되고, 옵션에서 $10을 잃게 된다(콜옵션의 권리행사가격을 $100이라고 했으므로). 그래서 주식가격이 $110이 되면 환수액은 $45이다. 한편, 주가가 $90로 떨어지면 우리의 주가는 $45이고, 우리의 옵션가치는 0이다. 이러한 경우에도 수익은 $45이 된다.

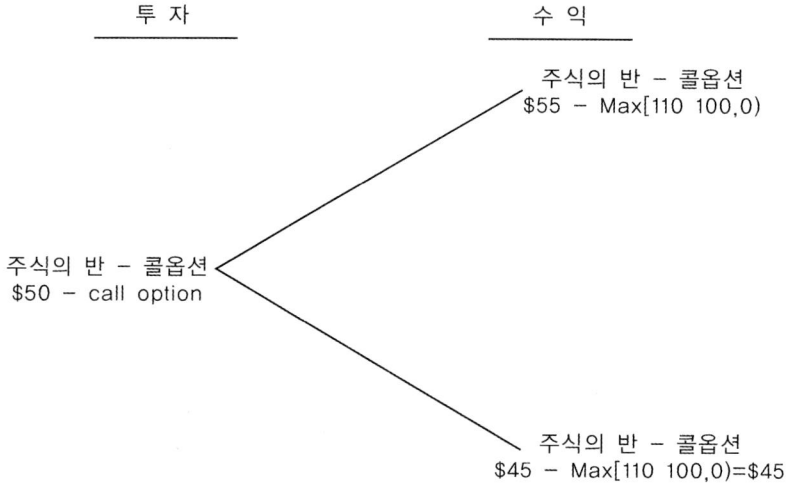

그림 2.4.3 : 수익의 변화

이러므로 이러한 특별한 상황을 택하는 순효과는, 한 달 후 주가의 변동에 상관없이 우리의 수익은 $45이 된다. 주식의 반을 사고 콜옵션을 매도함으로써 위험한 상황에서 무위험의 상황(한 달 후 주가에 상관없이 $45의 이익을 얻는 것)으로 바뀌게 된다. 차익거래의 기회가 없다고 가정하면, 이러한 투자 결정을 하는 투자자는 위험 부담 없는 환수액을 얻게 된다. 그렇기에 투자($50 빼기 콜옵션가격)는 수익 $45의 현재가와 동일해야 한다. 즉, 콜옵션의 현재가를 알기 위해서 우리는 다음 식을 풀어야 한다.

$$\$50 - 옵션가격 = \$45 \cdot e^{-R_F \cdot T}$$

즉, 옵션가격 $= \$50 - \$45 \cdot e^{-R_F \cdot T}$ 가 된다. 여기서 R_F는 무위험 연이자율이고 T는 일년 중 걸리는 시간이다. 만약 현재의 무위험 연 이자율이 6%이고, 시간이 한 달이라면 T=1/12=0.08333이므로, 콜옵션의 현재가치는 $5.22이다.

이 예제는 다음과 같이 다시 재구성할 수 있다. 똑같은 상황에서 무위험 포트폴리오를 구성하려면 얼마만큼의 주식을 사는 것이 좋은가? 즉, 주가가 110달러이면 옵션의 가치는 10달러이고, 주가가 90달러이면 옵션의 가치는 0이다. 콜옵션 1개를 매도하고 주식 x주를 매입하면서 위험이 없도록 포트폴리오를 구성해보자. 만일 주가가 110달러로 상승하면 주식의 가치는 $110x$이고, 옵션의 가치는 10달러이므로, 포트폴리오의 가치는 $110x - 10$이다. 반대로 주가가 90달러로 하락하면 주식의 가치는 $90x$이고 옵션의 가치는 0이므로, 포트폴리오의 가치는 $90x$이다. 주가가 90달러가 되든 110달러가 되든 포트폴리오의 가치를 같게 하는 x의 값을 선택하면 이 포트폴리오는 위험이 없다.

$$110x - 10 = 90x$$

따라서 $x = 0.5$ 이다. 주가가 상승하든 하락하든 옵션만기일의 포트폴리오 가치는 항상 45달러이다. $110 \times 0.5 - 10 = 45$달러 또는 $90 \times 0.5 = 45$달러이기 때문이다. 이때 x의 값을 헷지 비율 (hedge ratio, 콜옵션 당 보유 주식 수)이라고 한다. 이 예에서 옵션 의 가격을 정하는 과정은 모든 옵션의 가격을 정하는 데 사용되는 과정이다. 이는 이항 옵션 가격 결정모형이나 앞으로 설명할 블랙-솔스(Black-Scholes) 모형이나 마찬가지이다.

이제 우리는 주식의 적절한 헷지 비율을 찾고자 한다. 현재 주가 가 75달러이고, 한 달 후에 주가가 95달러가 되거나 63달러가 된다 고 하자. 그리고 콜옵션의 행사가격은 65달러라고 하자. 이 콜옵션 의 수익(가치)은 다음 표와 같다.

오늘	한달 후 수익
오늘 콜옵션행사가격=$65	95달러일때 30달러 (=Max[95−65,0])
	63달러일때 0달러 (=Max[63−65,0])

우리가 오늘 매도하는 콜옵션당 소유해야할 주식 수를 x라고 하 자. 그러면 투자는 "$75x$ −콜옵션 가격"이 된다. 한달 후 주가가 95달러이면 콜옵션의 가치는 30달러이다. 그래서 전체 투자수익은 $95x - 30$이다. 한 달 후 주가가 63달러이면 콜옵션의 가치는 0달 러이다. 따라서 이 상황에서 수익은 $63x - 0$이다.

투자	한달후 수익
주식 x 개 − 콜옵션	$x \times \$95 - \text{Max}[95-65,0]$
	$x \times \$63 - \text{Max}[63-65,0]$

이제 좋을 때와 나쁠 때 값을 같게 둠으로써 무위험 헷지를 구하자.

$$x \times \$95 - \$30 = x \times \$63 - 0$$

따라서 $x = 0.9375$이다. 즉 각각의 경우 수익이 같도록 만들었다. 어떤 상황에 관계없이

$$0.9375 \times \$95 - \$30 = 0.9375 \times \$63 - 0 = \$59.0625$$

라는 수익을 얻게 된다. 차익거래의 기회가 없다고 하고 콜옵션 가격을 정해보자. C가 콜옵션 가격이라고 하면, 투자액

$0.9375 \times \$75 - C$는 무위험 이자율에 따른 수익 $59.0625의 현재 가격과 같아야 한다. 무위험 이자율이 연 6%이고 기간이 한 달이면 T=1/12=0.833이므로 콜옵션 가격은 다음 식에서 C=11.54달러가 된다.

$$0.9375 \times \$75 - C = \$59.0625 \times e^{-R_f \cdot T} = \$59.0625 \times e^{-0.06 \cdot 0.8333}$$

01 우리는 3개월 후에 주식을 21달러에 매입할 수 있는 콜옵션의 가치를 평가하는데 관심이 있다. 현재의 주가는 20달러이고, 3개월 후 주가가 22달러 또는 18달러가 된다고 한다. 콜옵션은 3개월 후에 다음 둘 중 하나의 가치를 갖게 된다. 즉, 주가가 22달러이면 옵션의 가치는 1달러이고, 주가가 18달러이면 옵션의 가치는 0이다. 콜옵션 1개를 매도하고 주식 x주를 매입하면서 위험이 없도록 포트폴리오를 구성해보자. 이때 x는 얼마인가? 그리고 무위험 이자율을 12%로 가정하고 현재 시점에서의 콜옵션의 적정가격을 구하여라.

02 현재 주가가 78달러이고, 한 달 후 주가가 95달러이거나 70달러라고 하자. 행사가격이 80달러인 콜옵션의 가격이 얼마여야 하는지 계산하라. 단 무위험 이자율이 연 6%일때 헷지 비율을 구하여라.

연속모델의 위험 중립가격 결정원리

이제 연속모델을 살펴보자. 주가의 변동은 물론 간단히 모델화할 수는 없지만, 미국의 경우 오랜 통계 테스트를 거쳐 주가 S_t는 다음의 확률 미분방정식(stochastic differential equation)으로 근사될 수 있다고 알려져 있다.

$$dS_t = \mu\, S_t\, dt + \sigma\, S_t\, dB_t$$

† 여기서 단기간에는 μ와 σ는 상수로 가정할 수 있다. 여기서 이자율을 상수 r이라 하자. 확률론의 유명한 정리인 Girsanov 정리를 사용하면 위의 확률 미분방정식의 항을 바꿀 수 있다. 즉, 새로운 측도(measure) Q를 도입하면 위의 확률방정식은 다음과 같이 바뀐다.

$$dS_t = r\, S_t\, dt + \sigma\, S_t\, d\widetilde{W}_t$$

여기서 $\widetilde{W}_t$는 Q에 대한 브라운 운동(Brownian motion)이다. 시간 T에서의 콜옵션 X는 $X = (S_T - K)^+$로 표시되는데, 여기서 K는 strike가격, 즉 위의 문제의 경우 12,000에 해당한다. 위와 같은 Arbitrage Pricing Theory를 적용하면 시간 t=0에서의 콜옵션 가격은 $e^{-rT} E_Q[X]$으로 표시되게 된다. ■

일반적으로 시간 t에서 주가 S_t가 x일 때 콜옵션의 가격을 $C(t,x)$라 하면, 이 $C(t,x)$는 편미분방정식

$$\frac{\partial C}{\partial t} + \frac{1}{2}\sigma^2 S^2 \frac{\partial^2 C}{\partial S^2} + rS\frac{\partial C}{\partial S} - rC = 0$$

을 만족하는데, 이것이 바로 유명한 블랙-숄스(Black-Scholes) 방정식이다. 이는 이토(Ito)의 확률미적분 이론을 이용해 파생상품 옵션의 가격을 계산한 모델로, 이 방정식을 만든 공로로 Myron Scholes와 Robert Merton이 1997년 노벨 경제학상을 수상하였다. 이 모델은 실제로 옵션 거래에 많이 사용되고 있고, 파생금융 상품거래의 기본이 되고 있다. 지금은 이러한 방정식 등의 수학지식을 이용해서 투자법칙을 찾아내는 금융시장 분석가, 줄여서 '퀀트(quant)'라고 불리는 사람들이 주목받는 시대가 되었다. 퀀트란 은행이 더 나은 투자 방안을 찾기 위해서 의지하는 수학자들을 말한다.

2.5 대진표 짜기 ─── ·

TV에서의 오락 프로그램이나 스포츠에서 개인 간 또는 팀 간에 경기하여 대회를 치른다. 이때 대회의 상황에 맞는 대진표를 짜는 것이 대회의 성패를 가늠케 한다. 대회의 대진 방식을 결정하는 데는 경기 종목, 대회 기간, 공정성, 흥행 등의 요인이 있다. 가끔 TV의 오락 프로그램에서 불공정한 대진으로 억울한 탈락자가 생긴다. 이는 대진표를 짤 줄 모르는 프로그램 진행자 때문이기도 하다. 또 올림픽 등 국제적인 경기를 관전하는데 대진 방식을 이해하고 경기를 관전하면 흥미가 더해진다. 오락에서 대진 방식은 스포츠 경기에서와 같다. 여기서는 스포츠 경기에서 대진 방식을 설명하기로 한다.

대회의 경기방식은 대표적으로 토너먼트(맞붙기), 리그(돌려 붙기)와 이를 혼합한 방식이 있다. 토너먼트의 경우 두 팀이 경기하여 승리한 팀은 다음 라운드로 진출하고, 패배한 팀은 탈락하는 방식이다. 대회 기간이 비교적 짧은 경우 이 방식을 선택하게 된다. 토너먼트와 대조되는 리그전이 있다. 리그전은 출전한 팀이 모두 겨루는 방식이다. 비교적 대회 기간이 오래 걸린다.

[토너먼트(맞붙기)]

토너먼트 대진에서는 진 팀은 탈락하고 이긴 팀은 다음 회전(라운드)에 진출하는 경기방식이다. 토너먼트로 대회를 치르는 경우 출전팀의 숫자와 상관없이 마지막에는 두 팀 사이의 경기를 하는데 이 경기를 결승전이라고 한다. 결승전에서 이긴 팀을 우승팀 진 팀을 준우승팀이라고 한다. 결승팀을 결정하는 경기를 준결승전 또는 4강전이라고 한다. 따라서 준결승전은 두 경기이고 준결승전을 치르는 팀의 수는 네 팀이다. 이 네 팀을 4강이라고 한다. 준결승전을 치를 네 팀을 결정하는 네 경기를 준준결승 또는 8강전이라고 한다. 준준결승을 치르는 8팀을 8강이라고 한다.

대진표 작성은 출전하는 팀의 수에 따라서 결정된다. 먼저 출전팀이 세 팀 또는 네 팀일 때 토너먼트 대진표를 살펴보자.

▶ 출전팀이 세 팀일 때

출전팀이 세 팀일 때 토너먼트로 대회를 하면 한 팀은 부전승으로 결승에 먼저 올라가고 나머지 두 팀끼리 경기하여 승리한 팀이 부전승 팀과 결승 경기하여 우승팀을 가린다. 부전승팀을 결정하는 방법은 두 가지가 있다. 세 팀 중 우선권이 주어질 팀이 없는 경우 부전승팀은 추첨으로 결정한다. 세 팀이 토너먼트 경기하기 전에 우선순위가 있는 경우는 1위 팀을 부전승 팀으로 한다.

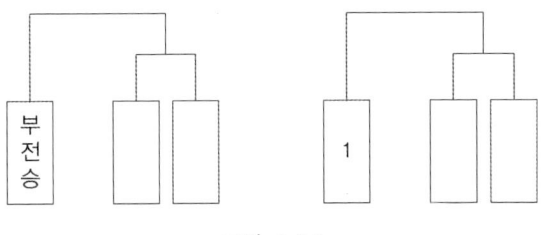

그림 2.5.1

▶ 출전팀이 네 팀일 때

두 팀씩 경기하여 승리한 두 팀이 결승에 올라가고 진 팀들은 탈락한다. 결승에 올라갈 두 팀을 결정하는 이 두 경기를 준결승전이라고 한다. 3위와 4위를 결정할 필요가 있는 경우 준결승전에서 탈락한 두 팀이 경기하여서이긴 팀이 3위 진 팀을 4위로 결정한다. 네 팀 중 우선순위가 주어지지 않는 경우는 추첨으로 대진표의 자리를 결정한다. 네 팀에 우선순위가 주어시면 1위와 4위 팀 그리고 2위와 3위 팀이 각각 준결승 경기를 갖는다.

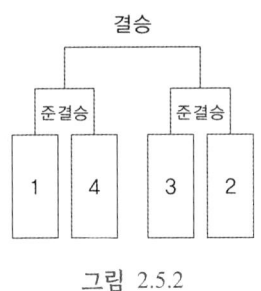

그림 2.5.2

▶ 출전팀이 5팀 이상 8팀 이하일 때

출전팀이 8팀일 경우는 좌우가 대칭인 대진표가 그림처럼 작성된다.

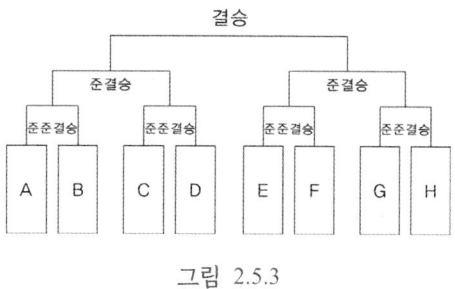

그림 2.5.3

만일 8팀에 우선순위가 1위부터 8위까지 주어졌다면 상위 팀이 그 순위만큼의 혜택이 가도록 대전을 짠다. 물론 8팀 간에 우선순위가 주어지지 않았다면 추첨으로 대진을 결정한다. 아래 대진표는 우선순위가 주어졌을 경우의 대진표이다.

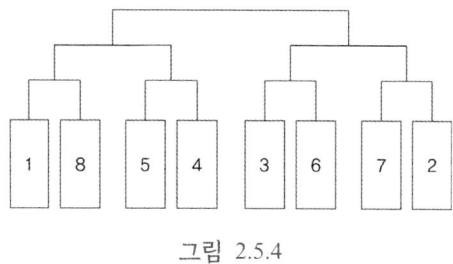

그림 2.5.4

만일 출전팀이 7이면 위의 8강 대진표에서 8번 자리를 제거하고 1번 팀을 부전승으로 한다.

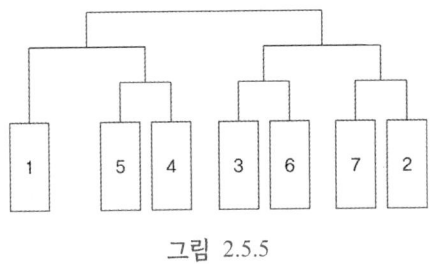

그림 2.5.5

만일 출전팀이 6이면 8강 대진표에서 8번과 7번을 제거하여 1번 과 2번을 부전승팀으로 한다.

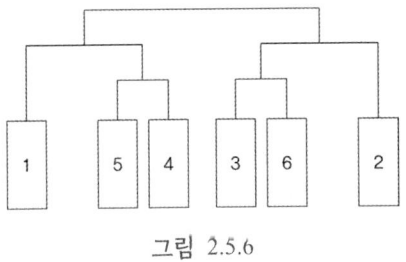

그림 2.5.6

만일 출전팀이 5이면 8강 대진표에서 8번, 7번, 6번을 제거하여 1번, 2번 3번을 부전승팀으로 한다. 이 대진에서 1순위 팀이 2순위 팀보다 유리한 이유가 있다. 1순위 상대는 1순위 팀보다 한 경기를 더 치러 상대적으로 불리하다. 반면에 2위 팀과 3위 팀은 동등한 조건에서 경기를 치른다.

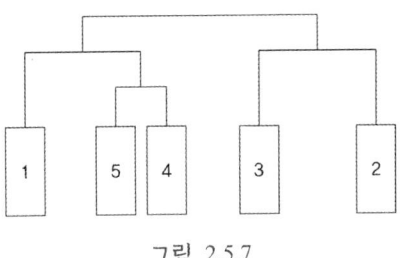

그림 2.5.7

팀의 수가 16개이면 8강 대진표 두 개를 이용하여 16강 대진표를 작성한다. 다음 대진표는 우선순위가 주어졌을 때의 16강 대진표이다.

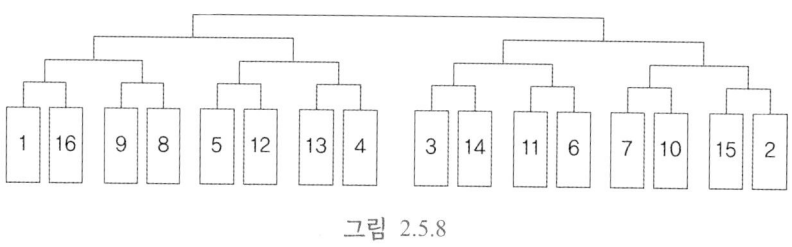

그림 2.5.8

팀의 수가 9개 이상 15개 이하이면 부전승 팀을 결정해야 한다. 이때 부전승 팀의 숫자는

$$부전승팀 \ 수 = 16 - 출전팀 \ 수$$

부전승 팀의 결정은 위의 16강 대진표에서 부전승 팀의 숫자만큼 상위 순위 팀으로 정한다. 예를 들어 15팀이 출전하여 부전승이 한 팀이면 16위 자리를 제거하여 1위 팀을 부전승 팀으로 정한다. 출전팀의 수가 13인 경우 부전승이 3팀이다. 이때 위의 16강 대진표에서 16위, 15위 그리고 14위를 제거하여 1위, 2위 그리고 3위 팀을 부전승팀으로 정한다.

토너먼트에서 1회전이란?

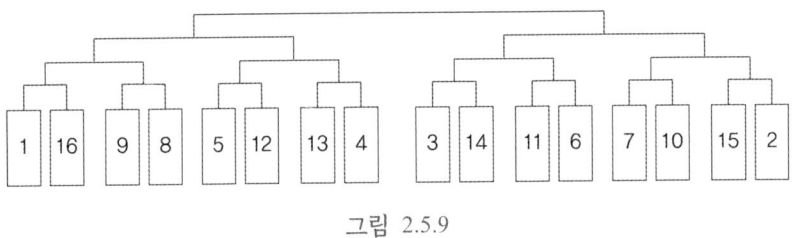

그림 2.5.9

그림과 같이 16강 대진표가 있다고 하자. 앞서 결승, 준결승(4강전), 준준결승(8강전)을 설명하였다. 이 대진표의 경우 16강전을 1회전이라고 부른다. 1회전이 끝나면 8팀이 남는다. 이 8팀의 경기를 8강전을 2회전 또는 준준결승이라고 한다.

출전팀이 13개인 경우는 부전승팀의 숫자가 3이므로 1회전 경기가 5경기가 된다.

출전팀의 숫자가 64일 때 64강 경기를 1회전, 32강 경기를 2회전이라고 한다. 토너먼트로 진행되는 대회에서 3회전이라는 용어는 거의 사용하지 않는다. 따라서 3회전에 해당하는 경기를 16강전이라고 한다. 따라서 64팀의 경우 차례로 1회전, 2회전, 16강전, 8강전 또는 준준결승, 4강전 또는 준결승, 결승전이 있다.

▶ 부전승팀의 숫자와 대회 경기 수

토너먼트 경기에서 대회 출전팀의 숫자가 2^n(n은 자연수)이면 부전승 팀은 발생하지 않는다. 따라서 2팀, 4팀, 8팀, 16팀, 64팀 … 이면 부전승팀은 없다. k를 자연수라고 하자. 대회 출전팀의 숫자가 k이면 k이상인 최소 2^n를 찾아서

$$2^n - k$$

가 부전승팀의 숫자이다. 예를 들어 어느 전국 고교야구대회의 경우 출전팀의 숫자가 41이다. 이때 41 이상 최소 2^n은 64이다. 따라서 이 경우의 부전승팀은

$$64 - 41 = 23$$

이다. 이 대회에서 23개 팀은 1회전을 치르지 않고 바로 2회전에 진출하고 41팀 중 부전승 23개 팀을 제외한 18팀이 1회전을 치러 그중 승리한 9개 팀이 2회전에 진출하게 된다. 따라서 부전승 23개 팀과 1회전 승리 팀 9개를 더하여 32개 팀이 2회전에 진출한다.

토너먼트 경기에서는 대회 전체의 경기 수는

$$경기 수 = 출전 팀의 수 - 1$$

이다. 따라서 위의 예에서처럼 출전팀의 수가 41이면 이 대회를 치르는 데는 필요한 경기 수는 40이다. 토너먼트 경기에서는 한 경기를 치를 때마다 한 팀씩 탈락한다. 따라서 최종 우승팀을 결정하려면 팀의 숫자보다 하나 적은 수의 경기가 필요하다. 물론 준결승에서 탈락한 두 팀 간 3위 결정전을 할 경우는 대회를 끝내는데 필요한 경기 수는 출전팀의 경기 수와 같다.

경기 순서의 결정

토너먼트로 대회를 진행할 때 모든 경기를 한 장소에서 치루는 경우가 대부분이다. 이때 경기 순서도 합리적으로 정해야 출전팀에 합리적이고 공평한 우승기회가 제공된다. 각 팀의 입장에서 한 경기를 치르고 다음 경기까지 휴식일이 상대 팀보다 길어야 유리하다. 따라서 대전 순서는 상위 순위 팀이 유리하도록 정해야 한다. 8강 대진표에서 8강 경기 중 첫 경기는 1위와 8위 팀, 두 번째 경기는 2위와 7위 팀, 세 번째 경기는 3위와 6위 팀 그리고 네 번째 경기는 4위와 5위 팀 순서이다. 8강 대진표에서 4강 경기 중 첫 경기는 1위와 8위의 승자와 4위와 5위의 승자 대결을 먼저 한다. 따라서 경기 순서는 상위 팀이 포함된 경기 순으로 1회전을 치른다.

[리그(돌려 붙기)]

여러 팀이 일정한 기간에 서로 같은 횟수만큼 시합하여 그 성적에 따라 순위를 결정하는 경기방식이다. 토너먼트에서는 지는 팀은 탈락하여 경기를 더는 하지 않는다. 반면에 리그전은 경기의 승패와 관계없이 예정된 경기를 모두 치른다. 프로 야구, 프로 축구, 프로 농구, 프로 배구처럼 대부분의 프로 스포츠 경기의 정규시즌은 이 리그전 방식을 채택하고 있다.

리그전에서의 경기 수

프로 야구 정규시즌을 예를 들어 설명하여 보자. 현재 프로 야구는 10개 팀이 있다. 10개 팀이 다른 팀과 경기를 한 번씩 모두 치르는 경기 수는 서로 다른 10개에서 2개를 선택하는 조합의 수와 같다. 따라서 10개 팀이 다른 팀과 경기를 한 번씩 모두 치르는 경기 수는

$$_{10}C_2 = \frac{10 \cdot 9}{2} = 45$$

이다. 일반적으로 자연수 n에 대하여, n개 팀이 다른 팀과 경기를 한 번씩 모두 치르는 경기 수는

$$nC_2 = \frac{n \cdot (n-1)}{2}$$

이다.

현재 프로 야구에서는 시즌 동안 두 팀 간에 16번의 경기를 갖는다. 따라서 대회를 주관하는 야구 협회에서는 총

$$45 \times 16 = 720$$

경기를 치르게 된다.

이번에는 각 팀의 입장에서 한 시즌을 치르려면 몇 번의 경기를 하여야 하나 알아보자. 한 팀이 다른 팀과 한 번씩 모두 경기를 치르려면 9번의 경기를 하여야 한다. 그런데 두 팀 간에 한 시즌 동안 15번의 경기하므로

$$9 \times 15 = 144$$

번의 경기를 하여야 한 시즌을 마치게 된다.

[리그와 토너먼트의 혼합형]

정규시즌은 리그로 진행하고 포스트 시즌은 토너먼트나 다른 방식으로 챔피언 결정전을 갖는다. 리그 방식으로 정규시즌을 치르면 팀에 순위가 정해진다. 포스트 시즌은 정규시즌에서 상위 순위의 팀에게 유리한 혜택, 즉 어드벤티지를 주어진다.

다음은 현재 우리나라 농구 리그인 KBL의 10팀이 정규리그를 거쳐 시즌에 상위 6개 팀이 포스트 시즌에 출전하여 토너먼트로 챔피언을 결정하는 경기하는 경우의 대진표이다.

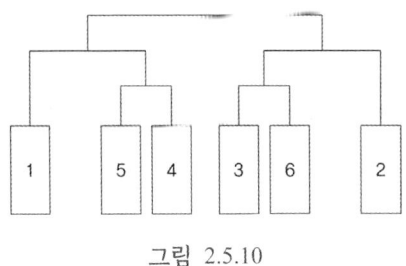

그림 2.5.10

또 다른 방식의 포스트 시즌 방식을 알아보자. 현재 국내 프로야구의 10팀이 정규시즌을 끝내고 상위 5팀이 포스트 시즌에 진출하였다고 하자. 먼저 최하위인 5위 팀과 4위 팀이 대결하여 승리한 팀이 3위 팀과 대결한다. 이 경기에서 이긴 팀은 2위 팀과 대결하여 승자를 가린다. 이 경기에서 이긴 팀이 1위 팀과 챔피언 결정전을 갖는다. 이 대결방식은 볼링경기에서도 자주 시행된다. 순위 결정을 위하여 예선 경기를 갖는다. 예선은 각자 플레이를 하여 선수가 얻은 점수로 출전 선수의 순위를 정한다.

흥미를 일으키는 대진 방식

토너먼트의 장점 중 하나는 단시간에 팬으로부터 경기에 관심을 끄는 데 있다. 이는 토너먼트가 단 한 경기로 다음 라운드 진출과 탈락이 결정되기 때문에 긴장감이 고조된다. 반면에 토너먼트의 단점은 아무리 강팀이라도 단 한 경기 실수하면 탈락한다. 팬의 입장에서는 대진 방식 때문에 강팀이 우승은커녕 초반 탈락하는 불합리한 결과를 얻기도 한다. 반면에 리그의 장점은 대체로 강팀이 상위 순위에 위치하게 된다. 그러나 리그 경기는 토너먼트와 비교하면 긴장감이 떨어진다. 이러한 이유로 대부분의 프로 스포츠는 토너먼트와 리그의 장단점을 보완한 경기방식으로 리그로 정규시즌을 진행하고 토너먼트로 우승팀을 가른다.

정규리그와 토너먼트의 포스트 시즌 경기방식으로 경기를 치르는 스포츠는 대부분 정규리그가 여러 달에 걸쳐서 진행된다. 수개월에 걸쳐서 대회진행이 어려운 경우 토너먼트와 리그의 장단점을 보완한 대진 방식을 알아보자.

축구는 지구상에서 가장 인기 있는 스포츠라는 사실은 부인하기 어렵다. 2002년 대한민국은 월드컵 4강에 올라 전국이 들썩였고 지금도 국민의 기억에 남아있다. 사실 우리나라의 월드컵 4강은 세계 축구인들을 놀라게 하기 충분했다. 그런데 축구 팬이라면 2019년 역시 잊지 못할 해이다. 우리나라가 20세 월드컵인 U-20 대회에서 준우승을 차지했기 때문이다. 이 대회의 대진 방식에 대하여 알아보자.

U-20 월드컵 진행 순서

1. 대륙별 지역 예선

대륙별로 지역 예선을 거쳐 24개국이 U-20 월드컵 본선에 진출한다.

2. 조 편성

지역 예선을 통과한 24개 팀을 4개 팀씩 한 조로 하여 6개 조로 나누어 조별 리그를 갖는다. 각 조의 이름은 A, B, C, D, E, F다.

A조의 1번 자리는 대회 개최국을 배정한다. 나머지 23개국 중 실력이 상위 5위에 속하는 팀을 B, C, D, E, F조의 1번 자리에 배치한다. 남은 18개 팀 중 실력이 상위 6위에 속하는 팀을 각 조 2번 자리에 추첨으로 배정한다. 남은 12개 팀 중 상위 6개 팀을 각 조 3번 자리에 추첨으로 배정한다. 나머지 6개 팀을 추첨을 통하여 각 조 4번 자리에 배정한다. 이렇게 조를 나눔으로써 각 조의 실력이 비슷하도록 나눈다.

3. 조별 리그

각 조의 4팀은 조별 리그 경기를 갖는다. 리그 경기이므로 각 팀은 3경기씩 한다. 각 조의 상위 2팀 총 12팀은 16강 토너먼트에 진출한다. 각 조의 4위 여섯팀은 탈락한다. 각 조의 3위 팀 6팀 중 상위 4팀은 16강 토너먼트에 진출하고 하위 2팀은 탈락한다. 순위는 경기에서 승리하면 승점 3점, 비기면 1점, 지면 0점을 얻는다. 만일 승점이 같으면 골 득실차(득점수 − 실점수)가 많은 팀을 상위 순위로 한다. 득실차까지 같으면 팀의 득점 합계가 많은 팀을 상위 순위로 한다.

4. 16강 토너먼트

각 조에서 상위 순위의 팀은 토너먼트에서 유리하도록 대진표를 작성한다. 대진표는 조별 리그를 시행하기 전에 아래 표와 같이 작성한다. 이 대진표를 살펴보면 각 조 1위 한 팀은 각 조 3위 또는 각 조 2위 팀 6팀 중 승점이 하위 순위 팀과 대결하도록 짜여있음을 알 수 있다. 따라서 각 팀은 예선 3경기에서 상위 2위에 들면 16강이 보장되지만 1위를 하여야 16강 토너먼트에서 약팀과 만나도록 하여 예선부터 최선을 다하도록 하였다.

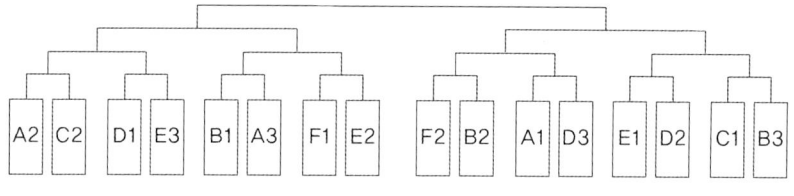

그림 2.5.11

월드컵 대진 방식을 살펴보면 조별 리그를 통하여 아무리 약팀이라도 최소 3경기 갖도록 하여 토너먼트의 강팀 초반 탈락의 약점을 보완하였다. 또 16강 토너먼트에서 조별 리그 상위 팀을 하위 팀과 경기를 갖도록 하여 강팀이 대회에 오랜 기간 남아있도록 공정성과 대회 흥행을 고려하였다.

5. 왜 4팀 한 조인가?

16강 진출 팀 결정을 위한 조별 리그에서 상위 팀은 다른 조의 하위 팀과 대결하므로 최선을 다하여야 한다. 그런데 조별 리그 3경기를 모두 최선을 다하는 경우 체력이 소진되어 16강 1회전에서 탈락하는 경우가 발생한다. 따라서 팀 입장에서는 상위 순위도 체력 안배도 모두 고려해야 한다. 체력 안배에 너무 신경을 쓰다 한 경기라도 삐끗하면 16강 진출을 못 할 수도 있다. 실제로 일어날 수 있는 경우를 살펴보자.

아래 표는 FIFA 주관 2010년 남아공 월드컵에서 한국이 속한 B조의 중간 상황이다. 각 팀은 2경기를 치르고 마지막 경기를 앞둔 상황이다.

순위	국가	승	무	패	득점	실점	득실차	승점
1	아르헨티나	2			5	1	+4	6
2	대한민국	1		1	3	4	−1	3
3	그리스	1		1	2	3	−1	3
4	나이지리아			2	1	3	−2	0

　마지막 두 경기는 동시에 진행히는데 대한민국은 아르헨티나와 그리스는 나이지리아와 경기를 남겨두고 있다고 가정하고 16강 진출 경우의 수를 따져보자.

　현재까지의 결과로 보면 2위인 대한민국이 강팀인 아르헨티나를 이기기는 어렵고 그리스는 약체인 나이지리아에 승리가 예상된다. 대한민국의 입장에서 여러 경우를 살펴보자.

대한민국이 아르헨티나에 이기는 경우

　한국과 아르헨티나 모두 2승 1패로 두 나라 승점은 6으로 같다. 다만 현재 아르헨티나가 대한민국에 골득실차가 5점이나 앞서 있기에 우리나라가 아르헨티나보다 낮은 순위가 예상된다. 우리나라가 아르헨티나에 이기고 그리스도 나이지리아에 이기는 경우 그리스 역시 2승 1패로 승점이 대한민국과 같아진다. 현재 대한민국과 그리스의 골득실차가 -1로 같으므로 그리스화 대한민국은 골득실차를 따져서 순위가 결정된다. 두 나라의 골득실차가 같은 경우는 득점순인데 현재 대한민국이 그리스에 1점 앞서있다. 따라서 우리가 아르헨티나를 이기더라도 그리스와 나이지리아의 결과를 지켜봐야 한다.

　결론적으로 대한민국이 아르헨티나에 이기면 대한민국은 1위, 2위, 3위가 이론적으로는 모두 가능하다. 다만 현실적으로 득실차 때문에 1위 가능성은 희박하고 2위나 3위 가능성이 크다. 2승 1패로 3위를 하면 승점이 6점이 되어 다른 조의 3위보다 승점이 높을 것으로 예상되어 16강 진출은 가능하리라 여겨진다. 다만 3위로 진출하면 16강에서 다른 조의 1위와 대결을 하여야 하는 부담이 있다.

대한민국이 아르헨티나와 비기는 경우

이 경우 아르헨티나는 2승 1무로 승점이 7점이 되어 그리스와 나이지리아 경기와 관계없이 1위 확정이다. 대한민국은 승점 4점이다. 그리스가 나이지리아를 이기면 그리스는 2승 1패로 승점이 6점, 나이지리아는 승점 0점이 된다. 따라서 이 경우는 아르헨티나, 1위 그리스 2위, 대한민국 3위, 나이지리아 4위이다. 3위인 경우 6개 조 3위 팀 중 승점이 높은 4개 팀이 16강에 진출한다. 승점 4점의 3위는 대게 16강에 진출하지만 다른 조의 1위와 16강 첫 경기를 치르게 되어 8강 전망이 어둡다.

그리스가 나이지리아와 비기는 경우는 대한민국과 나이지리아 모두 승점이 4점으로 같고 득실차도 −1로 같다. 따라서 팀 득점에 따라 대한민국은 2위 또는 3위가 된다. 2위면 무조건 16강 진출, 3위면 다른 조의 3위와 비교하여 16강 진출과 탈락이 결정된다.

그리스가 나이지리아에 지는 경우는 그리스와 나이지리아 모두 1승 2패로 승점이 3점이다. 따라서 대한민국은 2위 확정으로 16강 진출한다.

대한민국이 아르헨티나에 지는 경우

아르헨티나는 3승이므로 승점 9점으로 1위 확정이고 대한민국은

1승 2패가 되어 승점 3점이다.

그리스가 나이지리아를 이기면 그리스는 2승 1패로 승점이 6점이고 나이지리아는 승점 0점이다. 따라서 1위 아르헨티나, 2위 그리스, 3위 대한민국, 4위 나이지리아가 된다. 승점 3점으로 3위인 경우 16강 진출 가능성이 낮은 편이다.

그리스와 나이지리아와 비기면 그리스는 1승 1무 1패로 승점이 4점, 나이지리아는 1무 2패로 승점이 1점이다. 이 경우 역시 1위 아르헨티나, 2위 그리스, 3위 대한민국, 4위 나이지리아가 된다.

그리스가 나이지리아에 지는 경우는 대한민국, 그리스, 나이지리아 모두 1승 2패로 승점 3점이다. 이때는 골 득실차에 따라서 2위, 3위, 4위가 결정되는데 현재 세 팀의 득실차가 비슷하다. 나이지리아는 이길 경우 득실차가 현재 -2에서 최소 -1이 된다. 반면에 대한민국과 그리스는 득실차가 -1인데 마지막 경기에서 패하면 득실차가 최대 -2가 된다. 따라서 나이지리아가 2위가 되어 16강에 진출하고 대한민국과 그리스가 득실차에 따른 3위와 4위가 된다.

이상에서 살펴본 것처럼 현재 2패인 나이지리아도 2위로 16강 진출 가능성이 있다. 또 현재 2승으로 1위인 아르헨티나도 마지막 경기에서 대패할 경우 3위가 될 수도 있다. 이렇게 끝까지 모든 가능성이 열려있는 것이 4팀 한 조의 묘미이다.

01 강화군에는 13개의 면이 있다. 강화군 체육회에서는 면 대항 축구대회를 열려고 한다. 13면 대표팀이 리그로 정규시즌을 치르려 한다. 리그 경기는 두 팀 간 두 경기씩, 한 경기는 자신의 면에서 나머지는 상대의 면에서 경기를 진행하려 한다. 리그 경기 결과에 따라 순위를 정하고 그 순위에 따른 어드벤티지를 주는 토너먼트로 포스트 시즌을 진행하여 챔피언 가리려 한다. 다음 물음에 답하여라.

(1) 한 팀에 정규시즌을 마치려면 몇 경기를 하게 되나?

(2) 강화군 체육회에서는 경기 진행을 위해 주심 1명과 부심 2명을 배정하려 한다. 정규시즌을 마치려면 총 몇 경기의 심판을 배정해야 하나?

(3) 포스트 시즌 대진표를 그려라. 또 포스트 시즌은 총 몇 경기인가?

02 한 예능프로에서 6명의 출연자가 게임을 하여 1명을 뽑으려고 한다. 진행자가 2명씩 짝을 지어 3명의 탈락자와 3명의 진출자를 가리자고 한다. 이 대진 방식에 관하여 토론을 하여라.

2.6 게임의 법칙 ────── ·

알집기 게임

먼저 알집기 게임(님게임, Nim game)하는 방법을 살펴보자. 알집기 게임은 세 개의 님 더미를 쌓아놓고 시작한다. 님 더미에는 같은 종류의 물건이 하나 이상 쌓여있다. 각 플레이어는 순서를 따라 각 더미에서 하나 이상의 물건을 가져온다. 그 더미 전체를 다 가져와도 된다. 마지막에 물건을 집는 사람이 이긴다.

그림 2.6.1 : 원숭이와의 알집기 게임

이제 님합(Nim Sum)을 계산하는 법을 살펴보자.

1. 각 님 더미에 있는 물건 수를 2진법으로 표현한다.
2. 작은 2진법 수에는 앞에 0을 적어 위치를 맞춘다. 예를 들어, (10, 110, 1010)이면, (0010, 0110, 1010)으로 한다.
3. 2진수를 더하는데 실행하지는 않는다.

4. 각 수를 더해서 2의 배수이면 0을, 아니면 1을 적는다. 그렇게 적은 값이 님합이다.

5. 님게임에서 이기려면, 가능하면 항상 남은 님 더미의 님합이 영이 되도록 한다. 그렇게 못하면 상대방이 유리하게 된다.

(a) 내가 할 당시 님합이 영이 아니면, 남은 님 더미의 님합이 영이 되도록 할 수 있다.

(b) 만약 내가 할 당시 님합이 영이면, 다시 남은 님 더미의 님합이 영이 되도록 할 수 없다.

$$5 \oplus 3 = ? \qquad \begin{array}{r} 1\ 0\ 1 \\ \oplus \quad 1\ 1 \\ \hline 1\ 1\ 0 \end{array} \qquad \text{So } 5 \oplus 3 = 6.$$

$$6 \oplus 3 = ? \qquad \begin{array}{r} 1\ 1\ 0 \\ \oplus \quad 1\ 1 \\ \hline 1\ 0\ 1 \end{array} \qquad \text{So } 6 \oplus 3 = 5.$$

$$13 \oplus 15 = ? \qquad \begin{array}{r} 1\ 1\ 0\ 1 \\ \oplus\ 1\ 1\ 1\ 1 \\ \hline 1\ 0 \end{array} \qquad \text{So } 13 \oplus 15 = 2.$$

그림 2.6.2 : 님합의 예

예를 들면, $3 \oplus 5 = 6$이고, $4 \oplus 5 = 1$이다. 님합이 영이 아니면 이제 순서가 된 사람이 이길 수 있다. 단, 남은 님합이 0이 되게 해야 한다. 예를 들어, 세 더미에 각각 3개, 4개, 5개의 조약돌이 있

다고 하자. 님합은 영인가? 아니라면 어떻게 하면 영이 되도록 할
수 있나? 완전한 정보를 가진 공평한 표준형 조합게임은 모두 알집
기 게임의 변형이라는 사실이 알려져 있다.

	1	2	3	4	5	6	7	8
1	0	3	2	5	4	7	6	9
2	3	0	1	6	7	4	5	10
3	2	1	0	7	6	5	4	11
4	5	6	7	0	1	2	3	12
5	4	7	6	1	0	3	2	13
6	7	4	5	2	3	0	1	14
7	6	5	4	3	2	1	0	15
8	9	10	11	12	13	14	15	0

그림 2.6.3 님합표

01 세 더미에 각각 3개, 7개, 11개의 조약돌이 있다고 하자. 님합은 영인가? 아니라면 어떻게 하면 영이 되도록 할 수 있나?

제로섬 게임과 비제로섬 게임

게임이론(game theory)은 갈등과 협력에 대한 연구이다. 구체적으로, 이는 개인과 개인이나 단체와 단체, 나라와 나라 등의 두 집단 이상의 사이에 이해관계가 얽혔을 때, 상대편의 전략에 대응하여 어떤 선택을 해야 가장 유리한가를 연구하는 학문이다. 게임이론은 경제학이나 정치학뿐만 아니라 실생활에서도 자주 활용된다. 게임에서 상대방이 선택하였거나 선택할 것으로 기대할 수 있는 전략이 주어졌을 때, 자신에게 최대의 이득을 주는 전략을 최선 전략이라고 한다. 이를 처음 연구한 사람은 1838년에 시장이 두 기업에 의해 독점되었을 경우에 대해 분석한 Antoine Cournot이다. 이후 Emile Borel이 1921년에 게임에 대한 이론을 제안했고, 1928년 폰 노이만(John von Neumann, 1903~1957)이 발표한 논문 "실내 게임의 이론"(Zur Theorie der Gesellschaftspiele)을 통해 발전되었다. 게임이론이 독립적인 연구분야가 된 것은, 1944년 폰 노이만이 경제학자 모르겐스테른과 함께 저술한 저서 『게임이론과 경제행위』(Theory of Games and Economic Behavior)를 통해서이다. 이 책에서 정의한 용어들은 지금도 사용되고 있다.

게임이론 중에서 두 집단만이 참여하는 경우를 살펴보자.[12] 제로섬 게임이란 이긴 사람이 얻은 금액이 진 사람이 잃은 금액과 같은 게임을 말한다. 비제로섬 게임은 한 쪽의 손실이 반드시 다른 쪽의

---

12) 이 부분은 [3]을 참조하였다.

그만한 이익을 의미하지 않기 때문에 경우에 따라 양쪽이 모두 이익을 볼 수도 있고, 양쪽 모두 손해가 될 수도 있는 게임을 말한다.

갑과 을 두 사람이 '엎어 데쳐'를 한다고 하자. 이는 일본어로 데덴찌(手天地)라고 하는데, 손바닥이나 손등을 내밀어 편을 정할 때 사용하는 방법이다. 만약 갑과 을 둘 다 손바닥이나 손등을 내밀면 갑이 을에게서 100원을 받고, 그렇지 않으면 을이 갑에게서 100원을 받는다고 하자. 이 게임은 갑의 입장에서 보면 다음과 같은 표로 나타낼 수 있다.

갑 \ 을	손바닥	손등
손바닥	100	−100
손등	−100	100

위의 표를 다음과 같은 행렬로도 표현할 수 있다.

$$\begin{pmatrix} 100 & -100 \\ -100 & 100 \end{pmatrix}$$

그래서 제로섬 게임 중에서 두 사람이 하는 것을 행렬게임이라고도 부른다. 위의 게임의 경우에는, 갑의 입장에서 10은 100원의 이득을, -100은 100원의 손해를 의미한다. 이 게임은 갑과 을의 역할을 바꾸거나 내밀 손을 바꾸더라도 어느 쪽에 더 유리하거나 불리하지 않다. 또 이 게임을 계속하게 되면, 갑과 을은 한 가지 전략을

고집하면 안되고, 두 가지 전략을 무작위로 반반씩 섞어서 하는 것
이 각자에게 유리하다. 그리고 이 게임의 결과로 갑이 얻을 수 있
는 기댓값은 원이고, 마찬가지로 을이 얻는 기댓값도 원이다.

행렬게임에서, 게임의 값이란 갑과 을 두 사람이 적절한 전략을
펼쳐서 결국 갑이 얻는 금액을 게임값이라고 한다. 이때 게임값이
양이면 갑에게 유리한 게임이고, 게임값이 음이면 을에게 유리하며,
게임값이 영이면 '공평한 게임'이라고 한다. 위의 게임의 규칙을 바
뀌어서 다음과 같이 행렬이 바뀌었다고 하자.

$$\begin{pmatrix} 100 & 200 \\ 200 & 300 \end{pmatrix}$$

이럴 경우 을은 항상 잃는다. 자신의 손해를 최소화하려면 을은
항상 손바닥을 내미는 전략을 사용할 것이다. 갑은 손등이라는 전략
이 유리하므로 그 전략을 사용할 것이다. 결과적으로 갑은 손등, 을
은 손바닥이라는 전략을 사용할 것이므로, 갑은 항상 200원을 얻게
된다. 따라서 게임값은 200원이다.

다음과 같은 갑의 입장에서 본 행렬게임을 생각하자

을의 전략 갑의 전략	C_1	C_2	C_3
R_1	20	10	30
R_2	30	0	-20
R_3	-40	-10	50

갑이 R_1 전략을 사용하고, 을이 C_2 전략을 사용하면, 갑은 을로부터 10을 얻는다. 또한 갑이 R_2 전략을 사용하고 을이 C_3 전략을 사용하면, 갑은 을에게 20을 주게된다. 이 행렬게임에서 각 행의 최솟값은 10, -20, -40이다. 이 중 최댓값은 10이다. 따라서 최대최소 항은 1행 2열의 항이다. 따라서 갑이 R_1 전략을 사용하면 최소한 10을 얻을 수 있다. 한편, 각 열의 최대 항은 30, 10, 50이다. 이 중 최솟값은 10이다. 즉, 최소최대 항은 여전히 1행 2열의 항이다. 을이 C_2 전략을 사용하면 최대 10을 잃게 된다. 만약 갑이 R_1 전략이 아닌 다른 전략을 사용하면 얻는 수익은 10보다 작게 되고(0 또는 -10), 을이 C_2 전략이 아닌 다른 전략을 사용하면 잃는 손해는 10보다 크게 된다(20 또는 30). 결국 갑과 을의 전략을 결정되어지고 그때의 게임값은 10이다.

행렬게임에서, 각 행의 **최솟값**이 있는 '항'을 구하고, 다시 그들 중에서 **최댓값**이 잇는 항을 '**최대최소**(maxmin) 항'이라 한다. 또 각 열에서 **최댓값**이 있는 항을 구하고, 다시 그들 중에서 **최솟값**이 있는 항을 '**최소최대**(minmax) 항'이라 한다. 이때 최대최소 항과 최소최대 항이 일치하면, 그 게임은 그 항의 값을 게임값으로 갖는 결정적인 게임이 된다.

다음과 같이 갑의 입장에 본 행렬 게임을 생각해보자.

을 / 갑	C_1	C_2
R_1	−1	3
R_2	4	−1

적대적인 관계인 갑과 을이 반복해서 군사행동을 취한다고 하자. 갑이 취할 수 있는 전략은 R_1이나 R_2이고, 을이 취할 수 있는 전략은 C_1이나 C_2이다. 만약 갑이 R_1 전략만을 고집하면, 적대관계에 있는 을은 C_1 전략을 택함으로 이득을 얻게 된다. 갑이 R_2 전략만을 고집해도, 을은 C_2 전략을 택할 것이다. 따라서 갑은 한가지 전략만을 고집할 수 없고, 두 가지 전략을 적절하게 섞어서 사용해야 가장 큰 이득을 볼 수 있을 것이다. 또한 을도 두 가지 전략을 적절하게 섞어 사용해야 가장 작은 손실(또는 가장 큰 이득)을 볼 것이다. 즉, 갑과 을은 혼합 전략(mixed strategies)을 사용해야 한다. 갑과 을은 어떠한 비율로 혼합전략을 사용하는 것이 현명할 것인가?

갑이 R_1 전략을 사용하는 확률을 x라고 하면, 갑이 남은 전략 R_2를 사용할 확률은 $1-x$ 이다. 이때 을이 C_1 전략만을 사용한다면, 갑이 얻게 되는 금액은

$$v_1 = -x + 4(1-x)$$

이고, 을이 C_2 전략만을 사용한다면, 갑이 얻게 되는 금액은

$$v_2 = 3x - (1-x)$$

가 된다. 이를 그래프로 그리면 다음과 같다.

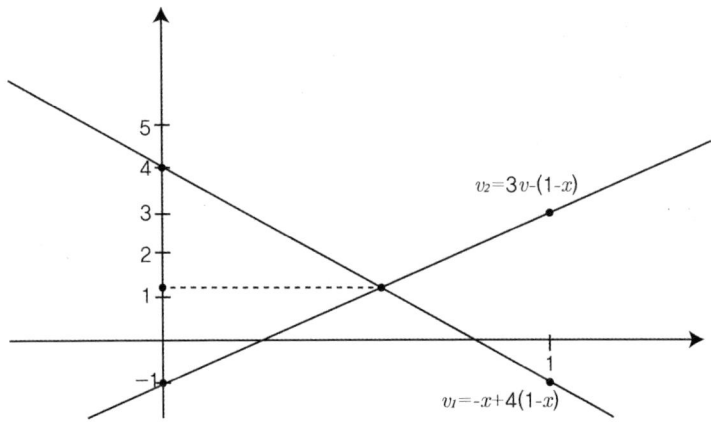

그림 2.6.4 : 갑의 선택에 따른 을의 선택

두 직선 $v_1 = -x + 4(1-x)$와 $v_2 = 3x - (1-x)$의 교점은 $(\dfrac{5}{9}, \dfrac{11}{9})$이다. $x < \dfrac{5}{9}$이면 $v_2 < v_1$이므로 을은 자신에게 유리한, 즉 자신이 손해를 덜 보는, C_2 전략을 택할 것이고, $x > \dfrac{5}{9}$이면 을은 $v_1 < v_2$이므로 자신에게 유리한 C_1 전략을 취할 것이다. 따라서 을은 아래의 ∧ 형태의 그래프를 따라 행동하게 되고, 이를 아는 갑은 이 중 자신에게 최대의 이득을 얻는 지점은 $x = \dfrac{5}{9}$를 택하게

된다. 결과 갑은 $\dfrac{11}{9}$ 라는 금액을 얻게 되고, 을은 그만큼 잃게 된

다. 즉 게임값은 $\dfrac{11}{9}$ 이다.

한편 같은 게임을 을의 입장에서 살펴보자. 을이 C_1 전략을 사용

하는 확률을 y 라고 하면, 을이 남은 전략 C_2 를 사용할 확률은

$1-y$ 이다. 이때 갑이 R_1 전략만을 사용한다면, 갑이 얻게 되는 금

액은

$$v_1 = -y + 3\,(1-y)$$

이고, 갑이 R_2 전략만을 사용한다면, 갑이 얻게 되는 금액은

$$v_2 = 4y - (1-y)$$

가 된다. 이를 그래프로 그리면 다음과 같다.

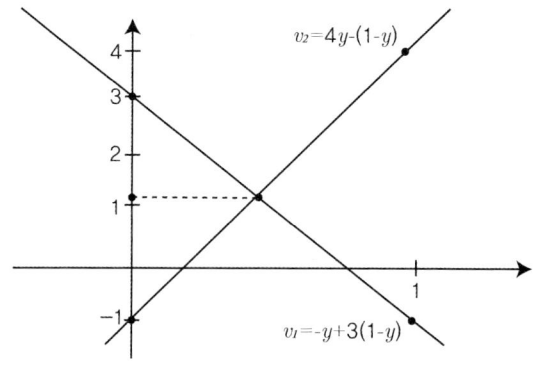

그림 2.6.5 : 을의 선택에 따른 갑의 선택

이 그래프에서 두 직선의 교점은 $(\frac{4}{9}, \frac{11}{9})$이다. 만약 을이 $y < \frac{4}{9}$ 만큼 사용한다면, 갑은 $v_1 > v_2$ 이므로 최대의 이득을 얻고자 R_1 전략을 사용할 것이다. 을이 $y > \frac{4}{9}$ 만큼 사용한다면, $v_2 > v_1$ 이므로 갑은 역시 최대의 이득을 위해 R_2 전략을 사용할 것이다. 따라서 갑은 $\vee$ 형태의 그래프를 따라 행동하게 되고, 이를 아는 을은 이 중 자신이 가장 손해를 적게 보는 지점인 $y = \frac{4}{9}$를 택하게 된다. 결과 을은 $\frac{11}{9}$ 만큼 잃게 되고, 갑은 그만큼 얻게 된다. 따라서 게임값은 위의 경우와 마찬가지로 $\frac{11}{9}$ 가 된다.

같은 문제를 기댓값으로 풀이할 수도 있다. 위에서와 같이, 갑이 R_1 전략을 사용하는 확률을 x, 을이 C_1 전략을 사용하는 확률을 y라고 하자. 그러면 갑이 얻게 되는 기댓값은 다음과 같다.

$$
\begin{aligned}
E &= -xy + 3x(1-y) + 4(1-x)y - (1-x)(1-y) \\
&= -9xy + 4x + 5y - 1 \\
&= -9\left(x - \frac{5}{9}\right)\left(y - \frac{4}{9}\right) + \frac{11}{9}
\end{aligned}
$$

따라서 x가 $\dfrac{5}{9}$가 아니면, 을은 y값을 바꾸어 갑의 이득을 $\dfrac{11}{9}$ 보다 작게 할 수 있다. 마찬가지로 y가 $\dfrac{4}{9}$가 아니면 갑은 x를 바꾸어 자신의 이득을 늘릴 수도 있다. 이러한 일을 방지하려면 갑과 을은 각각 $x = \dfrac{5}{9}$, $y = \dfrac{4}{9}$의 확률을 택할 수밖에 없다. 결국 게임 값은 위와 마찬가지로 $\dfrac{11}{9}$가 된다. 결국 갑이 $\dfrac{11}{9}$만큼의 이득을 얻게 되고, 공정한 게임은 아니게 된다.

일반적으로 행렬게임에서 갑이 택할 수 있는 전략이 $x_1, \cdots, x_m$의 m개이고, 을이 택할 수 있는 전략이 $y_1, \cdots, y_n$의 n개이면, $m \times n$ 행렬이 만들어진다. 이를 A라고 하자. 행에 대한 전략을 $x = (x_1, \cdots, x_m)$, 열에 대한 전략이 $y = (y_1, \cdots, y_n)$으로 쓰면, 게임의 기댓값은

$$E(x, y) = x^T A y = (x_1 \cdots x_m) \begin{pmatrix} a_{11} & \cdots & a_{1n} \\ & \cdots & \\ a_{m1} & \cdots & a_{mn} \end{pmatrix} \begin{pmatrix} y_1 \\ \cdot \\ \cdot \\ \cdot \\ y_n \end{pmatrix}$$

이 된다.

일반적으로 갑과 을, 두 사람이 하는 제로섬 게임에는 갑의 전략 x^*과 을의 전략 y^*이 존재하여, 갑이 전략 x^*을 시행하였을 때 얻

게 되는 값 $\min_y E(x^*, y)$과 을이 전략 y^*를 시행하였을 때 얻게 되는 값 $\max_x E(x, y^*)$은 일치한다. 즉, 행렬게임에는 최선의 전략이 있다. 이것은 체르멜로(E. Zermelo)가 낸 가설인데, 폰 노이만 (Von Neumann)이 1928년에 이를 증명하였다. 이를 최대최소 (minimax) 정리라고 한다.

한편, 두 사람이 하는 비제로섬 게임(non-zero-sum game)은 행렬의 각 항이 하나의 값으로 나타나지 않고, 갑과 을에게 지불되는 두 가지 값으로 나타나는 경우를 말한다. 부부갈등은 비제로섬 게임의 전형적인 사례이다. 부부가 함께 외출을 하려고 한다. 그런데 남편은 야구장에 가고 싶어하고, 아내는 미술관에 가고 싶어한다. 둘다 따로가는 것보다는 같이 가는 것을 선호한다. 예를 들어, 남편은 야구장에 가고싶지만, 혼자 가는 것보다는 차라리 아내와 미술관을 가고 싶어한다. 아내도 마찬가지이다. 이러할 때 행렬은 다음과 같게 된다.

아내 \ 남편	야구장	미술관
야구장	(2,3)	(1,1)
미술관	(1,1)	(3,2)

위의 (a,b)에서, a는 아내의 만족도이고, b는 남편의 만족도를 의미한다. 만약 아내와 남편이 함께 야구장에 간다면, 아내의 만족도

는 2이고, 남편의 만족도는 3이 된다. 만약 아내와 남편이 각자 미술관과 야구장에 간다면, 만족도는 둘다 1점이 될 것이다. [13] 이럴 경우 사실 해결책이 없다. 물론 아내가 미술관 표를 두장 미리 예약하고 사버려서 남편에게 다른 선택의 여지가 없을 경우는 예외지만 말이다.

죄수의 딜레마(Prisoner's dilemma)도 유명한 비제로섬 게임이다. 이는 1951년 Merrill Flood가 처음 제안하였다. 두 죄수가 경찰에 붙잡혔다. 경찰은 둘이 공범으로 큰 범행을 저질렀지만, 증거가 충분하지 못해서 일 년형으로 끝날 수 있는 상황이었다. 죄수들은 따로 수감되어 서로 대화를 나눌 수 있는 방법이 없었는데, 경찰은 죄수들에게 자백하라고 종용하였다. 만약 둘 다 고백하지 않으면 둘 다 일 년 형으로 끝날 것이다. 만약 둘 다 자백하면 각자 5년 동안 복역해야 한다. 그런데, 한 사람만 자백하고 다른 사람이 자백하지 않는다면, 자백한 사람은 풀려나고 그렇지 않은 사람은 10년을 감옥에서 보내야 한다. 죄수들은 어떻게 행동할까? 이를 행렬로 만들면 다음과 같다.

$$\begin{pmatrix} (5,5) & (0,10) \\ (10,0) & (1,1) \end{pmatrix}$$

---

13) 혹자는, 만약 아내가 야구장에 가고 남편이 미술관에 간다면, 만족도가 $(0,0)$이 되어야 한다고 주장할 수 있다. 하지만 자신이 원하는 곳에 상대방을 대신 보내서 만족감을 얻을 수도 있으므로 (1,1)로 두었다.

위의 (a,b)에서 a는 죄수1의 형기이고, b는 죄수2의 형기이다. 죄수1의 입장에서 생각해 보자. 모두는 각자의 형기를 최소화하고 싶다. 하지만 공범자(죄수2)가 자백할지 안 할지를 알지 못하므로, 먼저 자백하지 않는다고 가정하자. 내가 자백하지 않으면 1년 살게 된다. 나쁘지 않다. 하지만 공범자가 자백하면? 그는 풀려나고 나는 10년을 감옥에서 썩어야 한다. 공범자의 의리를 믿을 수 없는 이 상황에서 나는 어떤 선택을 해야 하는가? 죄수1은 자백하는 편이 낫다고 생각할 것이다. 이를 통해 볼 수 있는 것은, 각자 형기를 1년만 채우는 최상의 선택이 있음에도, 그렇지 않은 쪽을 택하기 쉽다는 사실이다. 물론 죄수들은 좋은 선택을 할 수도 있다. 이 죄수의 딜레마에서는 옳은 해답은 없다. 그래서 딜레마이다.

두 사람이 서로 비협동적인(non-cooperative) 상태에서, 서로 협력하면 최상이지만, 한쪽만 협력하고 다른 쪽은 변절하는 최악의 상황도 발생하는 상황이라면 모두 '죄수의 딜레마' 게임의 확장으로 생각할 수 있다. 1950년 존 내쉬(John Nash)는 폰 노이만의 정리를 일반적인 비협동게임으로 확장하여, 항상 평형점(equilibrium)이 존재함을 증명하였다. 그의 이론은, 게임이론에서 경쟁자 대응에 따라 최선의 선택을 하면 서로가 자신의 선택을 바꾸지 않는 균형상태에 이르게 된다는 것이다. 상대방이 현재 전략을 유지한다면, 나 자신도 현재 전략을 바꿀 이유가 없는 상태가 된다. 이러한 상태를 내쉬의 균형상태(또는 평형점)이라고 한다. 내쉬는 경제학에서 "사회의 구성원 개개인이 최선을 다하면 사회 전체의 모두에게 이롭다"
라는 아담 스미스(Adam Smith)의 주장을 반박하면서, 자신이 문제
를 해결한 아이디어를 이렇게 설명했다.

예쁜 금발 여자와 그 여자의 친구들이 있었고, 나(내쉬)도 내 친구들과
함께 있었다. 나와 친구들의 목적은 여자와 데이트를 하면서 즐거운
시간을 갖는 것이다. 여기서 아담 스미스의 이론을 적용해서 남자들은
모두 예쁜 여자 한 명에서 접근을 하면, 모두가 이로와져야 한다.
하지만 현실은 불행하게도 그렇게 되지 않고 거의 대부분 한 명의 남
자에게만 이롭게 된다(그가 여자를 차지한다). 그리고 그 한 명을 제
외한 차인 남자들이, 예쁜 여자의 친구들에게 다시 다가가면, 여자의
친구들은 먼저 예쁜 여자에게 갔다 온 것을 알기 때문에 자존심이 상
해 남자들을 받아주지 않을 것이다.
그렇다면 처음부터 예쁜 여자한테 몰려가지 말고 차라리 그 여자를
다같이 포기하고 여자의 친구들에게 다같이 가는 것이 낫지 않을까?
그러면 대부분의 경우 남자들은 자신들의 목적인 여자와의 즐거운 데
이트를 이룰 수 있게 된다. 물론 최대이익인 예쁜 여자와의 데이트는
이루지 못하더라도 이득이 영인 상태, 즉 어떤 여자와도 데이트를 하
지 못하는 것보다는 낫기 때문이다.

예를 들어보자. 두 대의 자동차가 한 교차점을 향해 직각을 이루
며 달려오고 있다고 하자. 한 대의 자동차(자동차1)가 보는 신호등
은 파란색이고, 다른 차(자동차2)의 신호등은 빨간색이다. 당시 경찰

이 없는 상태라고 가정하자. 그러면 두 자동차는 각자 멈춤(stop) 수도 있고 지나(go)갈 수도 있다. 과연 어떻게 하는 것이 각자에게 유익이 되는 내쉬의 균형상태가 될 것인가? 다음은 각자의 선택에 따른 표이다.

자동차1 ＼ 자동차2	Go	Stop
Go	(−5,−5)	(1,0)
Stop	(0,1)	(−1,−1)

만약 둘다 지나가면, 충돌로 인해 둘 다 -5가 된다. 한 대만 지나 간다면 그 차는 1을, 기다리는 차는 0이 된다. 둘 다 기다린다면 눈 치 보느라 시간이 지체되므로 둘 다 -1이 된다. 이럴 경우에는 두 차 중 한대는 멈추려 들 것이고, 다른 차는 지나갈 것이다. 이것이 내 쉬의 균형상태이다. 대개의 경우, 미리 정해진 대로 빨간색 신호등 에 멈추고 파란색 신호등에 지나가는 것이 각자에게 최대의 이익임 을 알게 되어, 경찰의 부재에도 불구하고 두 자동차는 교통법규를 지키게 된다.

내쉬의 균형이론 이후 비협동적인 게임이론이 크게 발전하여, 1950년과 1960년대에는 전쟁과 정치에서 의사결정의 근거로 사용되 었고, 1970년에는 경제학이 진보하도록 크게 일조한다. 또한 1990 년대에는 경매(auction)를 설계하는 일에까지 영향을 준다.

01 다음은 갑의 입장에서 본 게임이다.

갑 \ 을	클러버 7	다이아몬드 2
스페이드 A	3	−2
하트 8	−7	8

(1) 갑이 어떤 전략을 사용해야 가장 큰 이득을 볼 수 있는가?

(2) 을은 어떤 전략을 사용해야 가장 작은 손실을 보는가?

(3) 게임값을 구하여라.

02 위 문제 01의 숫자를 조정해서 공정한 게임으로 바꾸고자 한다. 이 중에서 -2를 다른 숫자로 바꾼다면, 어떤 숫자로 바뀌어야 하는가?

03 죄수의 딜레마에서 우리는 두 가지를 가정하였다. 하나는 서로 상대의 결정을 알 수 없다는 것이고, 또 하나는 각자의 선택의 목표는 각자의 이익을 극대화하는 것이었다. 만약 두 죄수가 혈연관계라면 어떻게 되는가? 예를 들어 아버지와 아들의 관계라면 어떤 결과가 가능한가?

제**3**장

수학과 논리

제**3**장

수학과 논리

3.1 역설 ——— •

모순은 창(모:矛)과 방패(순:盾)를 의미한다. 초(楚)나라에 방패와 창을 파는 한 사람이 있었다. 그는 자신이 파는 방패를 자랑하며 "이 방패는 굳고 단단해서 무엇으로도 뚫을 수 없습니다."라고 하였다. 또 창을 자랑하여 "이 창의 날카로움으로 어떤 방패든지 못 뚫는 것이 없습니다."라고 했다. 그러자 어떤 사람이 물었다. "그대의 창으로 그대의 방패를 찌르면 어떻게 되겠소?" 그 사람은 아무 대꾸도 하지 못했다.

모순은 어떤 사실의 앞뒤, 또는 두 사실이 이치상 어긋나서 서로 맞지 않음을 이르는 말이다.

궤변은 잘못된 논리 전개를 고의로 이용하고, 발언자에게 형편 좋게 도출된 결론 및 그 논리의 과정을 이야기한다. 발언자가 속이고

자 하는 의지가 있어야만 궤변이다. 오류와는 의도적이냐 아니냐에 따라서 구별이 된다.

궤변에는 논리 전개가 분명하게 잘못된 경우가 있으며 일견 올바른 것처럼 보일 수도 있다. 그리고 논리 전개가 올바른 것처럼 보이는 경우, 논리적인 잘못이 있어 잘못된 결론에서도 설득력이 있는 것처럼 들린다.

궤변의 개념이 언제쯤 탄생했는지는 명백하지 않지만, 그것이 비약적으로 발전한 것은 고대 그리스 시대이다. 이 시대는 언변에 뛰어난 철학자들을 대부분 배출해, 궤변가라고도 칭해지는 소피스트의 존재를 낳았다.

그리스, 로마 시대에는, 위정자, 입후보자가 높은 지위에 오르기 위해서, 인심을 얻는 연설을 할 필요가 있었다. 그러기 위해서는 정당한 변론방법보다, 궤변, 강변, 쟁론이 유용했었기 때문에 소피스트가 대두하게 됐다.

소피스트의 궤변 방법은 후세의 논리학 발전으로 연결되어 갔다.

궤변과 닮은 것으로 역설이 있다. 역설은 궤변에 비교하여 더 정확하고 엄밀한 추론을 진행 시키는 것에 특징이 있다. 역설의 예로서는 제논의 역설과 같이 논리 전개가 올바른 것처럼 보이고 결론이 잘못된 것이 있다.

제논의 가장 유명한 역설은 아리스토텔레스의 물리학에 기록되어 있다. 쫓아가는 사람은 아무리 빨라도 앞서가는 사람을 추월할 수 없다고 한다. 쫓아가는 사람이 앞서가는 사람보다 두 배 빠르다고 하자. 역설에 따르면 쫓아가는 사람이 앞선 사람이 있던 위치에 도착하는 동안 앞선 사람은 쫓아온 거리의 절반을 또 앞서 나간다. 이 논리는 뒷사람이 앞선 사람의 위치에 도착하면 언제나 앞선 사람은 그 거리의 절반을 도망가기에 절대로 따라잡을 수 없다는 것이다. 제논의 아킬레스와 거북이 경주 이야기를 소개한다.

아킬레스가 거북이와 경주를 했다. 아킬레스는 1초에 5미터를 가고 거북이는 1초에 0.5미터를 간다고 했을 때 1초 후에 아킬레스는 5미터를 간 반면 거북이 역시 0.5미터를 이동한다. 거북이는 아킬레스 보다 5미터 앞에서 출발했다. 다시 아킬레스가 거북이가 있던 자리까지 0.5미터 이동하는 동안 거북이도 0.05미터 이동하였기 때문에 아킬레스는 거북이를 따라잡지 못한다. 같은 논리로 아킬레스는 0.05미터를 움직이고 거북이는 0.005미터를 움직여 여전히 아킬레스는 거북이의 뒤에 처져 있다.

이 논리대로면 아킬레스가 거북이가 있던 자리에 도착하면 이미 거북이도 조금 앞으로 나아갔기 때문에 아킬레스는 절대로 거북이를 따라잡지 못할 것으로 보인다. 그러나 이는 명백히 잘못된 생각이다.

이 경우 단 2초면 아킬레스는 10미터를 간다. 그런데 거북이는 2초면 1미터를 가고 아킬레스보다 5미터 앞서 있으므로 6미터 지점에 있게 된다. 2초면 아킬레스가 거북이를 앞선다. 방정식이나 무한등비급수를 이용하면 출발 후 $\frac{10}{9}$ 초 때 아킬레스와 거북이는 같은 위치에 도달한다는 것을 설명할 수 있다. 이후로는 아킬레스가 거북이를 앞선다.

당하고 보면 당황스러운 궤변과 역설은 수학에는 긍정적인 발전을 초래했다. 궤변과 역설의 오류를 밝히기 위하여 논리가 발달하여 명확한 증명이 요구되었다.

토요일의 역설

판사가 피고에게 사형을 선고하면서 다음과 같은 명령을 내렸다.

"다음 주 월요일부터 토요일 사이에 하루를 택해 교수형을 집행한다. 하지만 죄인에게 언제 형이 집행되는지 알리지 않는다. 고로 죄인은 형 집행일이 언제인지 예측할 수 없다."

죄인은 생각에 잠겼다가 판사에게 다음과 같이 이야기하였다.

"판사님! 이 사형은 집행될 수 없습니다. 판사의 명에 따르면 절대로 토요일에 집행할 수 없습니다. 만일 사형이 토요일에 집행되기 위하여는 월요일부터 금요일까지 사형이 집행되지 말아야 합니다. 그런데 월요일부터 금요일 사이에 사형이 집행되지 않으면 저는 사형 집행일이 토요일이라는 것을 예측할 수 있으므로 토요일에는 사형을 집행할 수 없습니다. 그러므로 사형은 월요일부터 금요일 사이에 집행하여야 하는데 만일 월요일부터 목요일 사이에 집행되지 않으면 금요일에 집행하여야 합니다. 그런데 이 경우도 금요일에 사형이 집행되는 것을 예측할 수 있으므로 금요일 사형 집행도 불가능합니다. 따라서 사형 집행일은 월요일부터 목요일만 남고 같은 이유로 목요일도 사형 집행이 불가능합니다. 같은 논리로 수요일 화요일 집행도 불가능합니다. 그러므로 남은 요일은 월요일 뿐입니다. 이는 예측 가능하므로 사형은 집행이 불가합니다."

결론을 이야기하면 이 사형은 아무런 문제 없이 수요일에 집행이 집행되었다. 어떻게 가능하였을까? 이를 논리적으로 살펴보자.

진리표

『논리 철학 논고』(論理 哲學 論考, Tractatus Logico-Philosophicus, 1,922)는 비트겐슈타인의 초기 사상을 아포리즘(警句) 형태로 표현한 서적이다. 이 서적에서 진리표(truth table)를 고안하였다. 이 표를 이용하여 일상의 대화 속에서 가끔 보는 오류나 의문을 가졌던 것들을 정확하게 살펴보자. 앞서 살펴보았던 토요일의 오류, 생일의 오류 등에 대하여 논리적으로 자세히 살펴보기로 한다. 또 공집합이 모든 집합의 부분집합인 이유도 논리적으로 설명하여 보자.

조건 또는 명제(문장)가 참일 때 T(True)로, 거짓일 때를 F(False)로 나타내고 이를 '진릿값'이라고 한다. 진릿값을 표로 나타낸 것을 진리표라고 한다.

여기서는 조건문의 진리표만을 살펴보자. 엄마가 중학생 딸에게 "학급에서 5등 이내에 들면 스마트 폰을 사 줄게."라고 약속을 하였다고 하자. 이 문장에서

가정(조건) "딸이 학급에서 5등 이내에 들다." 를 p 로

결론 "엄마가 딸에게 스마트 폰을 사 준다." 를 q

로 나타내자. 따라서 "학급에서 5등 이내에 들면 스마트 폰을 사 줄게."라는 기호로

$$"p \rightarrow q"$$

이다. 이때 문장 "$p \rightarrow q$"의 참과 거짓을 살펴보자.

먼저 딸이 학급에서 5등 이내에 들었을 경우

1) 엄마가 딸에게 스마트 폰을 사 주었을 경우 엄마는 약속을 지키었다.
2) 엄마가 딸에게 스마트 폰을 사 주지 않았을 경우 엄마는 약속을 지키지 않았다.

이번에는 딸이 학급에서 5등 이내에 들지 못했을 경우

3) 엄마가 딸에게 스마트 폰을 사 주었다고 하여도 약속을 어겼다고 할 수는 없다.
4) 엄마가 딸에게 스마트 폰을 사 주지 않았을 경우 약속을 이겼다고 할 수는 없다.

즉 3), 4)의 경우는 5등 이내에 들지 못했을 때 대한 약속이 없었으므로 엄마가 어떤 행동을 하든지 약속을 어기지는 않았다. 이 전체의 경우를 진리표로 나타나면 다음과 같다.

p	q	"$p \rightarrow q$"
T	T	T
T	F	F
F	T	T
F	F	T

앞서 살펴보았던 토요일의 역설을 진리표에 따라 살펴보자.

죄수의 이야기를 살펴보자.

만일 사형이 토요일에 집행되기 위하여는 월요일부터 금요일까지 사형이 집행되지 말아야 합니다. 이 문장을 조건문으로 쓰면

"만일 월요일부터 금요일 사이에 사형이 집행되지 않는다면 토요일에 사형이 집행될 수 없다."

이 명제에서

가정 p는 월요일부터 금요일 사이에 사형이 집행되지 않는다.

결론 q는 토요일에 사형이 집행될 수 없다."

이다. 그런데 이 문장에서는 가정인 p 자체가 거짓이다. 월요일부터 금요일 사이에 사형이 집행되지 않는다면 토요일에 사형을 집행할 수가 없다. 그런데 월요일부터 금요일 사이에 사형이 집행되는 경우는 죄수가 한 이야기와는 상관이 없다. 실제로 수요일에 사형이 집행되었으므로 죄수는 잘못된 가정하에서 결론을 내린 것이다. 경우가 p는 F, q는 T이므로 "$p \rightarrow q$"는 T인 경우이다.

또 다른 경우를 살펴보자. 고등학생 때 배웠던 "공집합은 모든 집합의 부분집합이다."를 논리적으로 살펴보자.

집합 A의 모든 원소가 집합 B의 원소일 때, 집합 A는 집합 B의 부분집합이라고 한다. 집합 A가 집합 B의 부분집합일 때 이를 기호로

$$A \subset B$$

로 나타낸다.

$A \subset B$이기 위해서는 "집합 A에 원소가 있다면 그 원소는 모두 집합 B에 속하여야 한다."라는 조건문으로 생각하자. 조건 p를 "x가 집합 A의 원소이다.", 조건 q를 "x가 집합 B의 원소이다."라고 하면 사실 모든 집합 A에 대하여 $\varnothing \subset A$이다. $\varnothing \subset A$에서는 $\varnothing$의 원소가 있다면 이 원소는 집합 A의 원소라야 한다. 이 경우 역시 p는 F, q는 T이므로 "$p \rightarrow q$"는 T인 경우이다.

한 예로 공집합 $\varnothing$의 원소가 없으므로 $\varnothing$에 속하는 모든 원소는 집합 $\{0, 5\}$ 속한다는 사실은 참이다. 그러므로 $\varnothing \subset \{0, 5\}$이다.

3.2 명제 ──── ·

수학뿐만 아니라 모든 학문은 이론이 바탕이 된다. 특히나 수학은 이론의 학문이라고까지 이야기한다. 같은 내용도 설명을 쉽고 바르게 표현하면 내용을 쉽고 정확하게 이해할 수 있다. 수학을 이론적으로 접근하는데 그 대상을 집합으로 나타내고, 명제를 이용하여 이론적으로 전개한다.

수학적 논리는 아주 오래된 주제지만 명제가 수학의 영역으로 본격적으로 여겨진 것은 200년도 채 되지 않는다. 대수학(algebra)을 다루는데 수를 다루어야 한다는 통념을 깨뜨리고 논리까지 영역을 확장한 계기는 영국의 수학자 Gorge Boole가 1,854년 그의 저서 『논리와 확률의 수학적 기초』를 발표하면서 시작되었다고 여겨진다. 그가 연구했던 이론을 불대수(Boolean Algebra)라고 불리는데, 전기 스위치 회로 이론, 계산기 설계 등 여러 분야에서 활용되고 있다. 불대수는 X 또는 Y의 수치 계산이 아니라, 참 또는 거짓의 논리값을 다루기 때문에 이 용어가 쓰인다. 어떤 언어에서는 불 값을 0 (거짓)과 1(참)로 나타내는 정수 데이터형을 사용한다.

피타고라스 수는 직각 삼각형을 이루는 세 변의 길이를 말한다. 피타고라스보다 약 1,000년 앞서 중국에서 이미 연구되었다. 그럼에도 불구하고 오늘날 더 늦은 피타고라스 정리라고 부르는 이유는 직각 삼각형의 세 변의 길이가 a(빗변), b, c일 때,

$$a^2 = b^2 + c^2$$

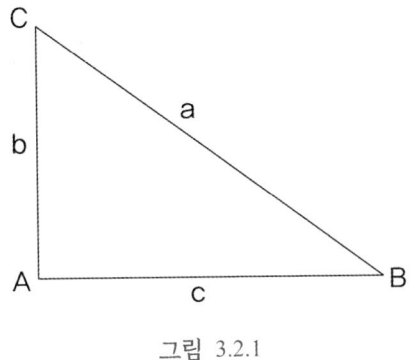

그림 3.2.1

를 만족한다는 것을 피타고라스가 증명하였기 때문이다. 증명이란 단어는 수학뿐만 아니라 법률 분야를 비롯한 일상에서 흔히 사용하고 있다. 증명하였다는 이야기는 논쟁의 끝을 의미한다.

참과 거짓을 판명할 수 있는 문장이나 식을 명제(命題, Proposition)라고 정의한다.

명제가 참일 필요는 없다. 쉬운 예제를 살펴보자. 다음의 문장이나 식이 명제인지 판별하여 보자.

㉠ 3은 작은 수이다.

㉡ 3은 0보다 작은 수이다.

㉢ 3은 0보다 큰 수이다.

㉣ $x < 3$ 이다.

㉠에서 3이 작은 수인지 아닌지는 개인마다 생각이 다를 수 있다. 따라서 "3은 작은 수이다."라는 문장은 참인지 거짓인지 판단할 수가 없다.

ⓒ은 거짓인 문장이다.

ⓒ은 참인 문장이다.

ⓔ은 x의 값에 따라서 참일 수도 거짓일 수도 있다. 주어진 식에는 x
의 값이 정해지지 않았다. 따라서 "$x < 3$이다."은 참이나 거짓을
판별할 수 없는 식이다.

참이나 거짓을 판별할 수 있는 문장은 ⓒ, ⓒ 이다. 따라서 명제
는 ⓒ, ⓒ 이다.

참인 명제와 거짓인 명제 말하기

명제가 참이라는 사실 또는 거짓임을 어떻게 보여야 하나?

'갑'이라는 학생이 다섯 자루의 색연필을 가지고 있다. 그런데 갑
이 을에게 말하기를

"내가 가지고 있는 색연필은 파란색 색연필이다."

라고 이야기했다고 하자. 이 경우에 만일 한 자루라도 파란색이 아
니면 거짓이다. '갑'의 입장에서 자신이 한 이야기가 참임을 보이려
면 다섯 자루 모두 파란색임을 보여야 한다.

이와 반대로 거짓인 명제는 거짓인 경우가 하나만 있음을 보이면
충분하다.

위의 대화에서 갑이 한 이야기가 거짓이라고 하자. '을'의 입장에
서 갑이 한 이야기가 거짓이라는 걸 보이기 위해서는 갑이 가지고
있는 색연필 다섯 자루 중 파란색이 아닌 색연필 한 자루만 꺼내어
보이면 된다.

그러므로 일반적으로

명제가 (1) '참'임을 보일 때에는 증명하여야 한다.

       (2) '거짓'임을 보일 때에는 반례 하나만 보이면 된다.

조금 더 구체적으로 살펴보자.

'모든'이 들어있는 명제와 '어떤'이 들어있는 명제

'모든'을 포함한 명제가 참임을 보이려면 전체집합의 모든 원소에 대하여 참임을 증명을 하여야 한다.

'모든'을 포함한 명제가 거짓임을 보이려면 전체집합의 원소 중 거짓이 되는 예 하나만을 제시하면 된다.

'어떤'이 포함된 명제가 참임을 보이려면 전체집합의 원소 중에서 참이 되는 예를 하나만을 제시하면 된다.

'어떤'이 포함된 명제가 거짓임을 보이려면 전체집합의 모든 원소에 대하여 거짓임을 증명하여야 한다.

다음 명제의 참 거짓을 판별하고 그 이유를 설명하여 보자.

(1) 모든 소수는 홀수이다.

(2) 어떤 이등변삼각형은 세 내각의 크기가 같다.

풀이 (1) 거짓, 이유는 2는 소수이지만 홀수가 아니다기 때문이다.

     (2) 참, 정삼각형은 세 변의 길이가 같으므로 두 변의 길이도 같다. 따라서 이등변삼각형이다. 정삼각형인 이등변삼각형의 세 각의 크기는 같다.

3.3 귀류법 ———— ·

명제의 결론을 부정하여 모순을 찾아내어 주어진 명제가 참임을 증명하는 방법을 귀류법이라고 한다. 따라서 명제를 증명하는 대신 명제의 대우가 참임을 증명하여 주어진 명제가 참임을 증명하는 방법 역시 귀류법이다. 다시 말하면 '결론이 거짓이라고 하면 가정도 거짓이 됨'을 보임으로써 주어진 명제가 참임을 보이는 증명방법 역시 귀류법이다.

예제 1 만일 n^2이 짝수이면 n도 짝수임을 증명하여라.

풀이 만일 n이 짝수가 아니라고 하자. n이 짝수가 아니므로 홀수이다. 따라서

$$n = 2k - 1, \quad k \text{는 정수}$$

로 표현된다. 그러므로

$$n^2 = (2k-1)^2$$
$$= 4k^2 - 4k + 1$$
$$= 2(2k^2 - 2k) + 1$$

이다. 그런데 k가 정수이므로 $2k^2 - 2k$도 정수가 되어 $2(2k^2 - 2k)$는 짝수이고

$2(2k^2 - 2k) + 1$는 홀수가 되어 n^2이 홀수가 되어 가정에 모순된다. 그러므로 만일 n^2이 짝수이면 n도 짝수이다. ■

3.4 수학적 귀납법 ───── •

이 단원에서는 자연수에 관한 명제를 증명하는 방법을 설명하려
한다.

먼저 두 학생의 대화를 살펴보자.

준호 : 슬비야 자연수를 1부터 100까지 차례로 더하면 그 값이
　　　얼마일까?

슬비 : 그건 5050이야.

준호 : 어떻게 그렇게 빨리 계산할 수 있어?

슬비 : 덧셈으로 계산하지 않았어. 난 1부터 100까지 차례로 더
　　　하는 대신 자연수 n에 대하여

$$1+2+3+\cdots+n = \frac{n(n+1)}{2}$$

　　　라는 식을 사용하여

$$\frac{100(100+1)}{2} = 5050$$

　　　으로 빨리 계산 할 수 있었거든. 식을 사용하면 간단해!

준호 : 그런데

$$1+2+3+\cdots+n = \frac{n(n+1)}{2}$$

　　　식이 정말 모든 자연수 n에 대해서 맞아?

슬비 : 뭐 10까지도 더하여 보고, 20까지도 차례대로 해 보았는
　　　데 다 맞더라고. 그래서 나는 사용하고 있는데.

준호 : 작은 자연수에 대하여 식이 성립하는지 확인 해 보았지만, 정말 아주 큰 자연수에 일 때도 그 식이 성립하는지는 확인 해 본건 아니네.

슬비 : 자연수 개수가 무한개인데 그걸 어떻게 다 확인 할 수가 있냐? 끝이 없는걸.

준호 : 난 모든 자연수에 n대하여

$$1+2+3+\cdots+n = \frac{n(n+1)}{2}$$

식이 성립하는지 정확히 알고 싶어.

다른 예를 살펴보자. 자연수 n에 대하여 식으로 표현된 한 명제 $P(n)$를 생각하여 보자.

명제

1부터 홀수 n개를 작은 순서대로 더하면 그 합이 n^2과 같다.

1부터 시작하여 n번째 홀수는 $2n-1$이므로 이 명제를 식으로는

$$P(n) \ : \ 1+3+5+\cdots+(2n-1) = n^2$$

와 같이 표현된다. 이 명제를 처음 접하는 학생이 이 명제가 정말 모든 자연수 n에 대하여 성립하는지 알아보고자 처음 몇 홀수들을 더하여 볼 수 있다. 예를 들어

$P(1)$: $n=1$일 때 첫 번째 홀수 값은 1이고 이는 $1^2=1$과 같다.

$P(2)$: $n=2$일 때 첫 두 홀수의 합은 $1+3=4$는 $2^2=4$와 같다

$P(3)$: $n=3$일 때 첫 세 홀수의 합은 $1+3+5=9$는 $3^2=9$와 같다.

$P(4)$: $n=4$일 때 첫 네 홀수의 합은 $1+3+5+7=16$은

$4^2=16$과 같다.

...

$P(10)$: $n=10$일 때 1부터 첫 10개의 홀수의 합은

$1+3+5+7+9+11+13+15+17+19=100$이고

$100=10^2$ 과 같다.

이와 같은 과정을 계속 하여 보면 위에 주어진 명제 $P(n)$은 모든 자연수 n에 대하여 참 일 것이라는 추측을 할 수 있을 것이다. 그럼에도 불구하고 이 방법으로는 모든 자연수 n에 대하여 명제 $P(n)$이 참이라고 할 수는 없다. 그 이유는, 슬비와 준호 학생의 대화에도 나타나 있듯이 $P(n)$의 개수가 무한개이므로 위의 명제 $P(n)$을 일일이 다 확인 할 수는 없다.

보기

자연수 n에 대하여 $a_n=41+n^2-n$ 으로 정의된 수열에서 다음 명제 $Q(n)$을 생각하여 보자.

$Q(n)$: 자연수 n 에 대하여 a_n 은 소수이다.

보기 1에서와 같이 먼저 이 식에 자연수를 차례로 대입하여 각 항을 구하여 보면

$$a_1 = 41$$

$$a_2 = 43$$

$$a_3 = 47$$

$$a_4 = 53$$

$$a_5 = 61$$

$$a_6 = 71$$

$$a_7 = 83$$

$$a_8 = 97$$

$$a_9 = 113$$

$$a_{10} = 131$$

$$\cdots$$

으로 모두 소수이다. 그렇다면 모든 자연수 n에 대하여 명제 $Q(n)$은 참이 될까? 즉, 모든 자연수 n에 대하여 $a_n = 41 + n^2 - n$은 소수라고 할 수 있을까? 쉬운 예로 $Q(41)$을 보면 $n = 41$일 때 $a_n = 41^2$으로 소수가 아니다. 이처럼 몇 개의 자연수에 관하여 명제가 참이라고 해서 모든 자연수에 관하여 참이라고 결론지을 수 없다.

수학적 귀납법은 자연수 n에 관하여 정의된 명제가 모든 n에

대하여 참 임을 다음 두 단계로 증명하는 방법이다.

단계 1. 자연수 n이 1일 때 명제가 참임을 증명한다.

단계 2. 자연수 n이 임의의 자연수 k에 대하여 명제가 참임을 가정하면 자연수 n이 $k+1$일 때 명제가 참임을 증명한다.

그러면 모든 자연수 n에 대하여 명제가 참이다.

참고

어떤 특정 자연수 n_0이 주어지고 $n \geq n_0$ 인 자연수 n 에 관하여 정의된 명제가 $n \geq n_0$ 인 모든 n 에 관하여 참임을 증명 할 경우 다음을 증명한다.

단계 1. 자연수 n이 n_0 일 때 명제가 참임을 증명한다.

단계 2. 자연수 n이 임의의 자연수 $k\,(k \geq n_0)$ 에 대하여 명제가 참임을 가정하고 자연수 n이 $k+1$일 때 명제가 참임을 증명한다.

그러면 $n \geq n_0$ 인 모든 자연수 n에 대하여 명제가 참이다.

수학적 귀납법과 유사한 토론

다음 두 조건을 만족하는 집합 A를 구하여 보자.

> **조건 1** $1 \in A$
>
> **조건 2** 만일 $k \in A$ 이면 $k+1 \in A$ 이다.

> **풀이** 조건 1에 의하여 $1 \in A$ 이다. 조건 2에 의하면 $1 \in A$ 이므로 $1+1 \in A$, 즉 $2 \in A$ 이다. 이 결과에 조건 2를 다시 적용하면 $2+1=3 \in A$ 라는 사실을 얻게 된다. 여기서 조건 2를 반복하여 적용하면 $3+1=4 \in A$, $4+1=5 \in A$, …에서 알 수 있듯이 모든 자연수가 집합 A 에 원소라는 사실을 얻을 수 있다. ■

   자연수에 관한 명제를 자연수에 따라 $n=1$ 일 때를 첫 번째 명제를 $P(1)$ 이라고 하고 $n=k$ 일 때를 k번 째 명제 $P(k)$ 라고 하여보자. 수학적귀납법에 의하면 먼저 첫 번째 명제 $P(1)$ 을 증명한다. 그리고 k번 째 명제인 $P(k)$ 가 참인지 거짓인지는 모르지만 만일 참이라고 가정하면 그 다음 번째인 $k+1$ 번 째 명제 $P(k+1)$ 가 참임을 증명한다. 이 둘을 조합하면 첫 번째 명제가 참임을 증명하였으므로 그 다음 번째인 두 번째 명제도 참이 된다. 이 결과를 귀납법의 단계 2를 반복하여 이용하면 세 번째 명제도 참이라는 결론을 얻는다. 이와 같은 과정을 계속 되풀이 하면 차례대로 모든 자연수에 대하여 명제가 참이라는 사실을 알 수 있다. 이는 마치 도미노 게임에서 어느 하나를 쓰러뜨리면 그 다음 것도 쓰러지는데 모두를 쓰러뜨리려면 첫 번째 것을 쓰러뜨려야 하는 이치와 같다. 이제 자연수에 관한 명제를 수학적 귀납법에 의하여 증명하여보자.

예제 1 모든 자연수 n에 대하여
$$1 + 3 + 5 + \cdots + (2n - 1) = n^2 \quad \cdots \quad \text{①}$$

임을 증명하여라.

증명 단계 1.

$n = 1$ 일 때 좌변=1 우변=$1^2 = 1$이므로 명제 ①은 참이다.

단계 2.

$n = k$일 때 명제 ①이 참이라고 가정하자, 즉
$$1 + 3 + 5 + \cdots + (2k - 1) = k^2 \qquad \cdots \quad \text{②}$$

이 성립한다고 가정하자. 그러면,
$$1 + 3 + 5 + \cdots + (2k - 1) + \{2(k + 1) - 1\} = (k + 1)^2 \cdots \text{③}$$
임을 증명해야 한다.

② 식을 이용하면 ③ 식은
$$1 + 3 + 5 + \cdots + (2k - 1) + \{2(k + 1) - 1\}$$
$$= 1 + 3 + 5 + \cdots + (2k - 1) + (2k + 1)$$
$$= k^2 + (2k + 1)$$
$$= (k + 1)^2$$

이므로 명제 ①은 $n = k + 1$ 일 때도 참이다. 그러므로 수학적 귀납법에 의하여 명제 ①은 모든 자연수에 대하여 참이다. ■

이번에는 부등식으로 표현되는 자연수에 관한 명제를 살펴보자.

예제 2 모든 자연수 n 에 대하여
$$2^n > n$$
임을 증명하여라.

증명 단계 1.

$2^1 = 2 > 1$ 이므로 명제 $2^n > n$ 는 참이다.

단계 2.

임의의 자연수 k 에 대하여
$$2^k > k$$
가 참이라고 가정하자. 그러면
$$2^{k+1} = 2^k \cdot 2 > k \cdot 2 = k + k \geq k + 1$$
즉
$$2^{k+1} > k + 1$$
이다. 그러므로 $n = k + 1$ 일 때도 명제는 참이다. 그러므로 학적 귀납법에 따라서 모든 자연수 n 에 대하여 명제는 참이다. ■

예제 3 $n \geq 2$ 인 모든 자연수에 대하여, 만일 $h > 0$ 이면
$$(1 + h)^n > 1 + nh$$
임을 증명하여라.

증명 명제 $(1 + h)^n > 1 + nh$ 은 $n \geq 2$ 인 자연수에 대하여 성립하므로 단계 1 에서 n 이 1 일 때가 아니라 2 일 때 증명 하여야 한다.

단계 1.
$$(1 + h)^2 = 1 + 2h + h^2 > 1 + 2h \ (h^2 > 0)$$
이므로 n 이 2 일 때 $(1 + h)^n > 1 + nh$ 는 성립한다.

단계 2.

$k \geq 2$인 임의의 자연수 k에 대하여

$$(1+h)^k > 1+kh$$

이 성립한다고 가정하자.

$$\begin{aligned}
(1+h)^{k+1} &= (1+h)(1+h)^k \\
&> (1+h)(1+kh) \,(\text{가정에 의하여}) \\
&= 1+(k+1)h+kh^2 \\
&> 1+(k+1)h \,(kh^2 > 0 \text{ 이므로})
\end{aligned}$$

이므로 $n = k+1$일 때도 $(1+h)^n > 1+nh$은 성립한다.

그러므로 수학적 귀납법에 따라서 식 $(1+h)^n > 1+nh$은 $n \geq 2$인 모든 자연수에 대하여 성립한다. ■

아래 예제는 자연수 n에 관한 명제

$$\frac{1}{1 \cdot 3} + \frac{1}{3 \cdot 5} + \frac{1}{5 \cdot 7} + \cdots + \frac{1}{(2n-1) \cdot (2n+1)} = \frac{n}{2n+1}$$

에 대한 한 학생의 증명이다.

틀린 부분을 지적하여보아라.

예제 4 모든 자연수 n에 대하여

$$\frac{1}{1 \cdot 3} + \frac{1}{3 \cdot 5} + \frac{1}{5 \cdot 7} + \cdots + \frac{1}{(2n-1) \cdot (2n+1)} = \frac{n}{2n+1} \quad \cdots ①$$

임을 증명하여라.

증명 단계 1.

$n = 1$일 때

$$\frac{1}{1 \cdot 3} = \frac{1}{2 \cdot 1 + 1}$$

이므로

$$\frac{1}{1 \cdot 3} + \frac{1}{3 \cdot 5} + \frac{1}{5 \cdot 7} + \cdots + \frac{1}{(2n-1) \cdot (2n+1)} = \frac{n}{2n+1}$$

는 성립한다.

단계 2.

$n = k$일 때

$$\frac{1}{1 \cdot 3} + \frac{1}{3 \cdot 5} + \frac{1}{5 \cdot 7} + \cdots + \frac{1}{(2k-1) \cdot (2k+1)} = \frac{k}{2k+1}$$

이 성립한다고 가정하자. 그러면

$$\frac{1}{1 \cdot 3} + \frac{1}{3 \cdot 5} + \frac{1}{5 \cdot 7} + \cdots + \frac{1}{(2k+1) \cdot (2k+3)}$$

$$= \frac{k}{2k+1} + \frac{1}{(2k+1) \cdot (2k+3)}$$

$$= \frac{k+1}{2k+3}$$

이므로 모든 자연수 n에 대하여 식 ①는 성립한다.

풀이 증명 단계 1에서 $n = 1$일 때 좌변이 $\dfrac{1}{1 \cdot 3}$ 이고 이는

$n = 1$일 때 우변 $\dfrac{1}{2 \cdot 1 + 1}$ 과 같음을 보여야 하는데 ① 식

의 n에 1을 대입만 한 것으로 보인다. 즉 단계 1의 증명에서

$\dfrac{1}{1 \cdot 3} = \dfrac{1}{2 \cdot 1 + 1}$ 는 식 ①을 증명하여야 하는데 이용하였다.

단계 2의 증명에서

$$\frac{1}{1 \cdot 3} + \frac{1}{3 \cdot 5} + \frac{1}{5 \cdot 7} + \cdots + \frac{1}{(2k+1) \cdot (2k+3)}$$
$$= \frac{k}{2k+1} + \frac{1}{(2k+1) \cdot (2k+3)}$$

부분은 틀렸다고 할 수는 없으나

$$\frac{1}{1 \cdot 3} + \frac{1}{3 \cdot 5} + \frac{1}{5 \cdot 7} + \cdots + \frac{1}{(2k-1) \cdot (2k+1)}$$
$$+ \frac{1}{\{2(k+1)-1\} \cdot \{2(k+1)+1\}}$$
$$= \frac{k}{2k+1} + \frac{1}{\{2(k+1)-1\} \cdot \{2(k+1)+1\}}$$

으로, 좌변에 k 번째 항을 표현하고 $k+1$ 번째 항을 k 번째 항과 같은 형태로 표현 하여 주고, 이 증명의 마지막 등식 $\frac{k+1}{2k+3}$ 도 ① 식 우변의 n 이 $k+1$ 일 때의 식 $\frac{k+1}{2(k+1)+1}$ 로 표현하는 것이 더 정확한 표현이라 할 수 있다. 물론 단계 2에서 계산 과정이 너무 생략되어 있다. 또 단계 1과 단계 2 두 단계만을 보이면 모든 자연수에 대하여 명제가 성립한다는 것이 수학적 귀납법이므로 증명의 맨 아래 줄에도 "수학적 귀납법에 의하여"라는 인용이 필요하다. ■

이 문제의 증명은 연습문제로 남긴다.

예제 5 모든 자연수 n에 대하여

$$3^n - 1$$

은 짝수임을 증명하여라.

증명 먼저 짝수는 어떤 정수 l에 관하여 $2 \cdot l$로 표현 할 수 있다.
단계 1.

$$3^1 - 1 = 2 = 2 \cdot 1$$

이므로 짝수이다.
단계 2.
만일 임의의 자연수 k에 대하여

$$3^k - 1$$

이 짝수라고 가정하자. 그러면 어떤 정수 l에 관하여
$3^k - 1 = 2 \cdot l$로 표현되고 이때 $3^k = 2l + 1$이 된다. 따라서 자연수 $k + 1$에 대하여

$$
\begin{aligned}
3^{k+1} - 1 &= 3 \cdot 3^k - 1 \\
&= 3(2l + 1) - 1 \\
&= 6l + 2 \\
&= 2(3l + 1)
\end{aligned}
$$

여기서 $3l + 1$은 정수 이므로 $2(3l + 1)$은 짝수 즉 $3^{k+1} - 1$은 짝수이다. 즉 $n = k + 1$
일 때도 $3^n - 1$는 짝수이다. 그러므로 수학적 귀납법에 의하여 $3^n - 1$은 모든 자연수 n에 대하여 짝수이다. ■

예제 6 다음 두 조건에 의하여 정의된 수열의 일반항을 추측하고 수학적 귀납법을 이용하여 자신의 답을 확인하여보아라.

조건 1. $a_1 = 3$

조건 2. $a_{n+1} = 2a_n - 1$

풀이

$a_2 = 2a_1 - 1 = 2 \cdot 3 - 1$

$a_3 = 2a_2 - 1 = 2(2 \cdot 3 - 1) - 1 = 2^2 \cdot 3 - 2 - 1$

$a_4 = 2a_3 - 1 = 2(2^2 \cdot 3 - 2 - 1) - 1 = 2^3 \cdot 3 - 2^2 - 2 - 1$

$a_5 = 2a_4 - 1 = 2(2^3 \cdot 3 - 2^2 - 2 - 1) - 1 = 2^4 \cdot 3 - 2^3 - 2$

$$\cdots$$

이므로

$$a_n = 2^{n-1} \cdot 3 - 2^{n-2} - \cdots - 2^3 - 2^2 - 2 - 1$$
$$= 2^{n-1} \cdot 3 - (2^{n-2} + \cdots + 2^2 + 2 + 1)$$
$$= 2^{n-1} \cdot 3 - (2^{n-1} - 1)$$
$$= 2^{n-1} \cdot 3 - 2^{n-1} + 1$$
$$= 2^{n-1}(3-1) + 1$$
$$= 2^n + 1$$

으로 추측하여본다. 위의 식 두 번째 등식에서

$$1 + 2 + 2^2 + \cdots + 2^{n-2} = \frac{1 - 2^{(n-2)+1}}{1-2}$$ 을 이용하였

다. 이 추측, 즉 $a_n = 2^{n-1} + 1$ 이 모든 자연수 n 에 대하여 참이 되는지 수학적 귀납법으로 확인하여보자.

증명

단계 1.

$n = 1$일 때 $2^1 + 1 = 3$ 이므로 $a_n = 2^n + 1$ 이다.

단계 2.

$n = k$일 때 $a_k = 2^k + 1$가 참이라고 가정하여보자. 그러면

$$a_{k+1} = 2a_k - 1$$
$$= 2(2^k + 1) - 1$$
$$= 2^{k+1} + 1$$

이 되어 $n = k+1$일 때 $a_{k+1} = 2^{k+1} + 1$이 된다. 그러므로 수학적귀납법에 의하여 모든 자연수 n에 대하여 $a_n = 2^{n-1} + 1$ 이다. ■

예제 7   수열 $\{a_n\}$이

$$a_1 = \frac{1}{2}$$

$$a_{n+1} = \frac{n^2}{(n+1)(n+2)} a_n \quad (n = 1, \ 2, \ 3, \ \cdots)$$

으로 정의 할 때 다음은 모든 자연수 n에 대하여

$$\sum_{k=1}^{n} a_k = \sum_{k=1}^{n} \frac{1}{k^2} - \frac{n}{n+1} \quad \cdots \ \text{①}$$

임을 수학적 귀납법으로 증명한 것이다. 빈칸을 채워라.

증명   단계 1.

$n = 1$일 때

좌변$= a_1 = \dfrac{1}{2}$, 우변$\dfrac{1}{1^2} - \dfrac{1}{1+1} = 1 - \dfrac{1}{2} = \dfrac{1}{2}$

이므로 ①이 성립한다.

단계 2.

$n = l$일 때 $\displaystyle\sum_{k=1}^{l} a_k = \sum_{k=1}^{l} \frac{1}{k^2} - \frac{l}{l+1}$이 성립한다고 가정하면

$$\sum_{k=1}^{l+1} a_k = \sum_{k=1}^{l} a_k + a_{l+1}$$

$$= (\sum_{k=1}^{l} \frac{1}{k^2} - \frac{l}{l+1}) + (\quad (가) \quad)a_l$$

$$= \sum_{k=1}^{l} \frac{1}{k^2} - \frac{l}{l+1} + \frac{l^2}{(l+1)(l+2)} \cdot \frac{(l-1)^2}{l(l+1)} \cdot \cdots \cdot \frac{1^2}{2 \cdot 3} a_1$$

$$= \sum_{k=1}^{l} \frac{1}{k^2} - \frac{l}{l+1} + (\quad (나) \quad)$$

$$= \sum_{k=1}^{l} \frac{1}{k^2} - \frac{l}{l+1} + \frac{1}{(l+1)^2} - \frac{1}{l+1} + \frac{1}{l+2}$$

$$= \sum_{k=1}^{l+1} \frac{1}{k^2} - (\quad (다) \quad)$$

이므로 ①는 $n = k+1$일 때도 성립한다. 그러므로 수학적귀납법에 의하여 ①는 모든자연수에 대하여 성립한다.

풀이▶

(가) $\dfrac{l^2}{(l+1)(l+2)}$

(나) $\dfrac{1}{(l+1)^2(l+2)}$

(다) $\dfrac{l+1}{(l+1)+1}$

■

예제 7 다음은 5 이상인 자연수 n에 대하여
$$2^n > n^2$$

임을 수학적귀납법으로 증명한 것이다. 빈칸을 채워라.

증명 단계 1.

$n = ($ ① $)$일 때
$$2^5 = 32 > 25 = 5^2$$

이므로 $2^n > n^2$ 가 성립한다.

단계 2.

$k \geq 5$ 인 자연수 k에 대하여 $n = k$ 일 때 만일 (②)이 성립한다고 가정하면
$$2^{k+1} = 2 \cdot 2^k > ($$ ③ $)$

이다. 그런데
$$2k^2 - ($$ ④ $)$$
$$= k^2 - 2k - 1 = (k-1)^2 - 2 \geq (5-1)^2 - 2 = 14 > 0$$

이므로 $2^{k+1} > (k+1)^2$ 이 성립한다. 즉 $n = k+1$ 일 때 $2^n > n^2$ 가 성립한다. 그러므로 수학적귀납법에 의하여 $2^n > n^2$ 는 5 이상인 모든 자연수 n에 대하여 성립한다.

풀이
①   5
② $2^k > k^2$
③ $2k^2$
④ $(k+1)^2$ ∎

💡 **참고**

$x > y$의 정의는 $x - y > 0$일 때 이므로 $x > y$을 보이기 위해서는 $x - y > 0$임을 보여야 한다.

수학적귀납법을 이용하면 우리가 자주 사용하는 자연수에 관한 식들

$$1+2+3+\cdots+n = \frac{n(n+1)}{2}$$

$$1^2+2^2+3^2+\cdots+n^2 = \frac{n(n+1)(2n+1)}{6}$$

$$1^3+2^3+3^3+\cdots+n^3 = \left\{\frac{n(n+1)}{2}\right\}^2$$

$$1^4+2^4+3^4+\cdots+n^4 = \frac{n(n+1)(2n+1)(3n^2+3n-1)}{30}$$

$$a+ar+ar^2+\cdots ar^{n-1} = \frac{a(1-r^n)}{1-r}$$

들이 모든 자연수 n 에 대하여 참임을 증명할 수 있다.

01 다음을 수학적귀납법으로 증명하여라. n은 자연수이다.

(1) $\dfrac{1}{1 \cdot 2} + \dfrac{1}{2 \cdot 3} + \dfrac{1}{3 \cdot 4} + \cdots + \dfrac{1}{n \cdot (n+1)} = \dfrac{n}{n+1}$

(2) 만일 $1 < x$이면 $1 < x^n$

(3) 만일 $0 < x < 1$이면 $0 < x^n < 1$

(4) $a - b$는 $a^n - b^n$의 인수이다. ("다항식 $p(x)$가 다항식 $f(x)$의 인수이다."는 $f(x)$가 $p(x)$로 나누어떨어질 때, 즉 한 다항식 $q(x)$가 존재하여 $f(x) = p(x) \cdot q(x)$로 표현 될 때이다.)

(5) $a + b$는 $a^{2n+1} + b^{2n+1}$의 인수이다.

(6) $(a+b)^n = \displaystyle\sum_{i=0}^{n} a^i b^{n-i}$

02 다음은 자연수 n에 대한 명제가 참임을 수학적귀납법으로 증명한 것이다. 빈칸을 채워라.

(1) 모든 자연수 n에 대하여

$$1 \cdot 2 \cdot 3 + 2 \cdot 3 \cdot 4 + \cdots + n \cdot (n+1) \cdot (n+2)$$

$$= \frac{n \cdot (n+1) \cdot (n+2) \cdot (n+3)}{4}$$

임을 증명한 것이다 빈칸을 채워라.

증명 ▶ 단계 1. $n = 1$일 때

$$1 \cdot 2 \cdot 3 = 6 = \frac{1 \cdot 2 \cdot 3 \cdot 4}{4}$$

이므로 명제는 참이다.

단계 2. $n = k$일 때

$1 \cdot 2 \cdot 3 + 2 \cdot 3 \cdot 4 + \cdots + k \cdot (k+1) \cdot (k+2) =$
(　　(가)　　)

이 성립한다고 가정하면

$1 \cdot 2 \cdot 3 + 2 \cdot 3 \cdot 4 + \cdots + k \cdot (k+1) \cdot (k+2)$
$+ (k+1) \cdot (k+2) \cdot (k+3)$

$$= \frac{k \cdot (k+1) \cdot (k+2) \cdot (k+3)}{4} + (\quad (나) \quad)$$

$$= (k+1) \cdot (k+2) \cdot (k+3) \cdot \left(\frac{k}{4} + 1\right)$$

$$= \frac{(k+1) \cdot \{(k+1) + 1\} \cdot \{(k+2) + 2\} \cdot \{(k+3)}{4}$$

이므로 $n = k+1$일 때도 위 명제는 참이다. 따라서 수학적 귀납법에 의하여 주어진 명제는 모든 자연수 n에 대하여 참 이다.

(2) 모든 자연수 n에 대하여

$$1 \cdot n + 2 \cdot (n-1) + 3 \cdot (n-2) + \cdots + (n-1) \cdot 2 + n \cdot 1$$

$$= \frac{n(n+1)(n+2)}{6} \qquad \cdots ①$$

임을 증명한 것이다 빈칸을 채워라.

단계 1. $n = 1$일 때 좌변$= 1 \cdot 1 = 1$,

우변$= \dfrac{1 \cdot 2 \cdot 3}{6} = 1$이므로 명제 ①은 참이다.

단계 2. $n = k$일 때

$1 \cdot k + 2 \cdot (k-1) + 3 \cdot (k-2) + \cdots + (k-1) \cdot 2 + k \cdot 1$

$$= \frac{k(k+1)(k+2)}{6}$$

가 성립한다고 가정하면

$1 \cdot (k+1) + 2 \cdot k + 3 \cdot (k-1) + \cdots + k \cdot 2 + (k+1) \cdot 1$

$= 1 \cdot k + 2 \cdot (k-1) + 3 \cdot (k-2) + \cdots + (k-1) \cdot 2 + k \cdot$

$+ (1 + 2 + \cdots + k) + ($ (가) $)$

$= \dfrac{k(k+1)(k+2)}{6} + ($ (나) $)$

$= ($ (다) $)$

이므로 명제 ①은 $n = k + 1$일 때도 참이다.

그러므로 수학적귀납법에 의하여 명제 ①는 모든 자연수n에 대하여 참이다.

제4장

수학의 영역

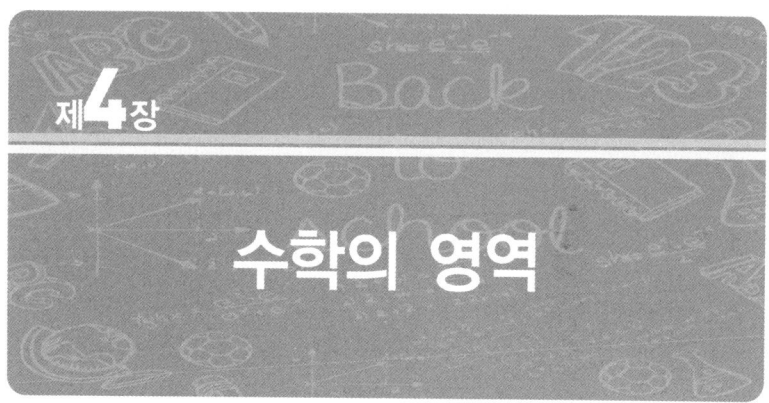

제**4**장

수학의 영역

고대 수학자들은 수학자이며 철학자였다. 세월이 흐르며 철학과 수학은 분리되었다. 1600년대 후반까지만 해도 미분과 적분이 본격적으로 연구하던 학자들은 수학자이며 물리학자였다. 이처럼 수학의 분야는 시대 흐름에 따라서 여러 분야로 분화하였다. 현재 고등학교에서는 수학을 해석학, 대수학, 기하학, 통계학 영역으로 구별 짓기도 한다. 그러나 대학에서는 통계학과가 독립된 학과로 존재한다. 컴퓨터 공학이 수학에서 분화하여 독립한 것처럼 통계학도 대학교육에서는 이미 수학과 분리되었다.

수학에는 어떤 영역들이 있을까? 어떤 측면에서는 수학의 영역을 나누기가 쉽지 않을 때도 있고 기준이 모호한 영역들도 있다. 수학자들이 논문을 쓰면 논문의 주제가 어떤 영역인지를 나타내는 영역 분류 기호를 논문의 첫 쪽에 적는다. 10년마다 미국 수학회에서 이 분류 기호를 새로 발표하는데 현재 이 분류에 따르면 수학의 세분된 영역은 약 4,000개다. 약 400개도 아니고 약 4,000개 정도이니 수학의 분야가 얼마나 다양한지 짐작조차 쉽지 않다.

학생 시절부터 해석학, 대수학, 기하학, 통계학이란 용어는 심심치 않게 들어왔다. 기하학과 통계학이 무엇인지 정확한 표현이 쉽지 않더라도 알고 있다고 생각하며 지내왔다. 그러나 해석학이나 대수학은 그 뜻을 알 수가 없었다. 인터넷이 없던 시절 백과사전을 찾아보면 해석의 뜻은 있지만, 수학의 분야에서의 해석학의 의미는 설명이 없었다. 대수학을 찾아보니 수학의 한 분야라는 짤막한 설명이 전부였다. 이 두 용어의 뜻을 알고자 하는 갈망은 사라지지 않았다.

미국의 한 대학 중앙도서실에서 영어판 대백과 사전을 발견하고 그 두께에 놀라 발걸음을 멈추었다. 수십 권으로 나누어진 대백과 사전은 그 두께가 눈대중으로 4 ~ 5미터는 되었다. 잠시 후 오래된 기억이 번뜻 스쳐 지나갔다. 사전 한 권을 꺼내어 해석학(analysis)을 찾기 시작했다. 그때 처음 알았다. 해석학이 의학 분야 용어로 많이 쓰인다는 것을. 수학 분야에 대한 설명을 찾으니 다음과 같은 설명이 있었다.

'a part of mathematics'

온몸에 힘이 쭉 빠졌다. 평생의 갈증이 해소되길 기대했는데 실망이 이만저만이 아니었다. 기대를 접고 혹시나 하는 마음에 다시 대수학(algebra)을 찾아보니 역시 해석학과 똑같은 한 줄도 못 되는 설명만 있었다. 그날 이후로 해석학과 대수학의 뜻을 찾는 것을 포기하고 스스로 알아내기로 하였다.

4.1 해석학 ───── •

인간이 문제를 해결하고자 할 때 해석학적인 접근은 매우 자연스러운 행동이다. 아주 간단한 컴퓨터 게임을 하나 생각하자. 양궁 표적지가 멀리 있고 화살을 쏴서 맞추는 게임이다. 화살을 너무 세 개 쏴서 과녁을 넘어가면 다음에는 약하게 힘을 조절해서 다시 쏜다. 과녁의 오른쪽에 맞으면 다음에는 왼쪽으로 수정하여 다시 시도한다. 여러 번 시도 하다가 보면 자신의 최적화된 활시위로 표적을 향하여 활을 쏜다. 이런 식으로 최적에 접근하는 방법이 해석학적 접근이다. 옛날 군대에서 활 연습이나 포 사격 연습 역시 해석학적 접근이다. 인간의 해석학적인 접근은 일상생활에서 흔히 볼 수 있다.

젊은 남녀가 결혼하여 처음에는 요리를 잘하지 못하는 경우가 흔하다. 세월이 지나면서 여러 번 요리하다 보면 음식 솜씨가 향상된다. 처음에는 잘못하던 요리도 신경을 써서 여러 번 하다 보면 조금씩 나아져 훌륭한 요리사가 되는 이 과정 역시 해석학적인 접근이다.

시행착오를 수정해가며 원하는 결과를 얻는가는 접근 방법이 해석학적인 접근인데 인간이 오늘날 누리는 문명은 어느 한순간 이루어낸 결과가 아니라 오랜 기간 해석학적으로 발달시켜온 결과이다. 그렇다면 수학에서 가장 해석학적이 도구는 무엇일까? 여기 예를 보자.

$\sqrt{7}$ 의 뜻은 제곱하여 7이 되는 0보다 큰 수이다. $\sqrt{7}$ 의 뜻을 이용하여 $\sqrt{7}$ 의 근삿값을 구하여 보자.

$$2^2 < (\sqrt{7})^2 = 7 < 3^2$$

이므로 $\sqrt{7}$ 는 2와 3 사이에 존재한다. 즉 $2 < \sqrt{7} < 3$이다. 이번에는 2와 3의 중간인 $\dfrac{2+3}{2} = 2.5$를 제곱하여 보자.

$$6.25 = 2.5^2 < (\sqrt{7})^2$$

이므로 $\sqrt{7}$ 는 2.5 보다 크다. $2.5 < \sqrt{7} < 3$ 이다. 이제 2.5와 3의 중간인 $\dfrac{2.5+3}{2} = 2.75$를 제곱하여 보자. $2.75^2 = 7.5625$ 이다. 따라서

$$2.5 < \sqrt{7} < 2.75$$

이다. 다시 $\dfrac{2.5+2.75}{2} = 2.625$를 제곱하면 $2.625^2 = 6.890625$이다. 그러므로

$$2.625 < \sqrt{7} < 2.75$$

이 과정을 계속 진행하면 할수록 $\sqrt{7}$ 의 참값에 점점 가까운 근삿값을 구할 수 있다.

이제 만일 $\sqrt{7}$ 의 근삿값을 $\dfrac{2.625+2.75}{2} = 2.6875$라고 하면 이 값은 거리가

$$2.75 - 2.625 = 0.125$$

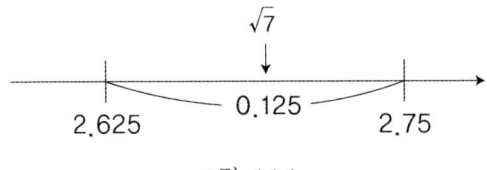

그림 4.1.1

인 2.625 와 2.75 사이의 값이다. 그러므로 $\sqrt{7} \approx 2.6875$ 는 오차 범위가 0.125 미만이다.

이와 같은 방법은 번거롭기는 하지만 $\sqrt{7}$ 의 근삿값을 구하는 확실한 방법이다. 이 해석학적인 방법은 횟수를 더할수록 대체로 참값에 가까운 근삿값을 구할 수 있다.

이때 첫 번째 시도한 2 를 첫째 항, 두 번째 시도한 3 을 둘째 항, 세 번째 시도한 2.5 을 세 번째 항이라고 하면 $\sqrt{7}$ 에 수렴하는 수열

$$a_1 = 2, \ a_2 = 3, \ a_3 = 2.5, \ a_4 = 2.75, \ a_5 = 2.625, \ \cdots$$

을 얻는다.

그렇다. 해석학에서 가장 기본적인 개념이 수열이다. 수열에서 가장 중요한 점은 당연히 수열의 수렴 여부이다. 수렴하는 값을 극한값이라고 한다. 따라서 극한을 이용하여 정의하는 미분과 적분은 모두 해석학의 영역에 속한다.

무한급수, 미분, 적분, 미분방정식, 푸리에 해석학, 복소해석학, 벡터 해석학, 함수해석학, 수치 해석학, 측도론 등이 해석학 영역이다. 우리가 많이 들어본 아날로그는 앞서 언급한 푸리에 해석학이다.

미적분학의 발달 후 급속하게 발전한 연구 분야가 함수의 특성을 계산하는 새로운 기술의 발견이다. 이전에 해결하지 못했던 미분방정식으로 표현된 역학 문제들을 함수들의 무한급수를 이용하여 해를 찾았다.

01 $\sqrt{7}$ 의 근삿값을 $f(x) = x^2 - 7$ 의 그래프를 이용하여 해석학적으로 구하여 보자.

(1) 함수 $f(x) = x^2 - 7$ 의 그래프 위의 점 $(3, 2)$에서 접선의 방정식을 구하여라.

(2) 위 (1)에서 구한 접선의 x 절편을 구하여라. 이 값을 x_1 이라고 하자.

(3) $y_1 = f(x_1)$ 이라 하고 함수 $f(x) = x^2 - 7$ 의 그래프 위의 점 (x_1, y_1)에서 접선의 방정식을 구하여라.

(4) 위 (3)에서 구한 접선의 x 절편을 구하여라. 이 값을 x_2 이라고 하자.

(5) $y_2 = f(x_2)$ 이라 하고 함수 $f(x) = x^2 - 7$ 의 그래프 위의 점 (x_2, y_2)에서 접선의 방정식을 구하여라.

(6) 위 (5)에서 구한 접선의 x 절편을 구하여라.

이와 같은 과정을 되풀이하여 얻은 x 절편값들은 $\sqrt{7}$ 에 수렴한다. (6)에서 구한 x 절편값을 제곱하여 7에 가까운지 확인하여라.

02 $C([0, 2\pi])$는 구간 $[0, 2\pi]$에서 연속인 함수들의 집합이라고 하자. $f,\ g \in C([0, 2\pi])$인 두 함수 f, g의 내적 $<f,\ g>$ 을

$$<f,\ g> = \int_0^{2\pi} f(x)g(x)dx$$

로 정의하자.

(1) 만일 $<f,\ g> = 0$이면 두 함수 f, g는 서로 수직이라고 한다. 두 자연수 k, l에 대하여 $k \neq l$이면 두 함수 $\sin k\,x$, $\sin lx$는 서로 수직임을 보여라.

(2) $f(x)$가 구간 $[0, 2\pi]$에서 정의된 연속인 음성(이야기 소리)을 나타내는 함수라고 하자. 수열을

$$a_n = \frac{1}{\pi}\int_0^{2\pi} \sin nx\, f(x)dx$$

로 정의하자. 이때

$$f(x) = a_1 \sin x + a_2 \sin 2x + a_3 \sin 3x + \cdots$$

이라고 한다. 아날로그에서는 $f(x)$를 송신하는 대신 수열

$$a_1,\ a_2,\ a_3,\ \cdots$$

의 유한개의 항

$$a_1,\ a_2,\ a_3,\ \cdots,\ a_n$$

을 송신한다고 한다. 그 이유가 무엇인가?

4.2 대수학 ─────·

인간은 살면서 여러 가지 문제를 만나고 해결한다. 어떤 영역이든 문제가 인간에게 매우 중요한데 해결이 쉽지 않은 문제들은 종종 수학의 영역으로 넘어온다. 이런 문제를 해결하기 위하여 다양한 방법이 동원된다. 이런 방법 중 대수학적인 방법이 있다.

그렇다면 대수학적인 방법이란 무엇인가? 해결하고 싶은 문제가 발생하면 관찰을 통하여 수학적인 모델을 만든다. 여기서 수학적인 모델이란 문제의 현상을 수학적으로 표현한 것을 의미하고 이는 식, 흔히 x를 포함한 식으로 나타난다. 이 식의 x 값을 구하는 것이 문제의 해결하는 것이다. 이 식에서 덧셈, 뺄셈, 곱셈, 나눗셈 등을 이용하여 x의 값을 구하는 방법이 가장 기본적인 방법이라고 할 수 있다. 필요에 따라 앞서 언급한 사칙연산 이외에 제곱근 같은 다양한 연산을 사용하기도 한다.

수학의 영역에서 대수학적인 방법이라고 함은 연산을 이용하여 문제를 해결하는 방법이라고 할 수 있다. 가장 잘 알려진 이차방정식의 근의 공식 유도과정을 보면 연산만을 이용했음을 알 수 있다.

중학교와 고등학교에서 배운 수와 식, 인수분해, 일차방정식을 포함한 여러 가지 방정식 단원 등이 대수학 영역이라고 할 수 있다. 대학교에서 배우는 대수학의 영역을 수학 전공자가 아닌 사람들에게 설명한다는 것은, 마치 초등학생에게 고등학교에서 배우는 방정식이 무엇인지 설명하는 만큼 어렵다고 할 수 있다.

　대학교에서 배우는 대수학 영역에는 선형대수학, 현대대수학 등이 있다. 이 중 선형대수학에서 선형의 기하학적 의미는 직선이다. 따라서 선형대수학은 엄밀히 말하면 대수학적인 방법이 주를 이루지만 기하학적인 이해가 필요한 영역이다. 이처럼 수학 대부분 주제가 한 영역에 국한되지 않는다. 고등학생에게는 선형대수학이 연립방정식의 연장이라고 설명할 수도 있겠다. 선형의 기하학적인 의미가 직선이라면 식으로의 의미는 일차식이다. 따라서 선형대수학에서는 일차식만을 다룬다. 중학교에서는 미지수가 2개인 연립방정식을, 고등학교에서는 미지수가 3개인 연립방정식을 공부하는 반면 선형대수학에서는 미지수의 개수 제한이 없다.

　선형대수학을 고등학생에게 연립방정식 풀이의 연장이라고 할 때 또 다른 차이가 있다. 고등학교 때까지는 해가 한 쌍인 해를 찾는데 초점이 있다. 반면에 선형대수학에서는 해가 존재를 판별하고 해가 존재한다면 한 쌍인지 무수히 많은지 판별해서 해가 무수히 많으면 해 집합의 기하학적 의미를 찾는다. 연립방정식을 만족하는 해가 존재하지 않을 때는 최적의 해를 정의하고 찾는다. 그 이상의 내용에 대해서는 여기에서 소개하기가 무리가 있어 생략한다.

　선형대수학의 활용범위는 다양하다. 자연과학의 다양한 영역은 물론 공학에서도 널리 쓰인다. 선형대수학에서의 일차독립의 개념은 해석학의 아날로그나 디지털 이론에 쓰인다. 오늘날에는 인문사회과학, 경제학, 정보학, 암호학 등 그 쓰임 매우 다양하다. 의학이나 생태학에도 선형대수학을 이용한 예도 있다. 사회과학 분야에서는 심리학, 경제학이 선형계획법이라는 분야에서 행렬과 선형대수를 사용한다.

사진을 교정하는 포토샵과 컴퓨터를 이용하여 디자인하는 일러스트레이터라는 프로그램 용어는 모두 선형대수학의 용어들이다. 포토샵이나 일러스트레이터는 선형대수학의 일차변환 개념만 사용하여 실현한 컴퓨터 프로그램들이다.

오늘날의 선형대수학과는 차이가 있기는 하지만 바빌로니아와 중국에서도 고대부터 연립일차방정식의 해법이 알려져 있다. 중국 고대의 수학책인 『구장산술』 중에서 방정이란 용어가 있다. 아홉 개의 장 중 제 8장 방정 단원에는 고등학교 때 배운 미지수가 3개인 연립일차방정식과 같은 것을 다루고 있으며 현재와 거의 같은 풀이방법으로 풀고 있다.

1,600 년 대에 연립일차방정식의 해법과 관련된 선형대수학의 행렬식이 탄생했다. 미분과 적분으로 잘 알려진 라이프니츠가 1,693년에 쓴 편지에 행렬식에 관한 내용이 있다고 한다. 하지만 명확한 것은 1,750년에 크라머가 발견한 것이다. 앞서 이야기처럼 선형의 식으로서 의미는 일차식이다. 이런 면에서 페르마는 데카르트보다 먼저 곡선을 방정식으로 분류하는 것을 생각하여 곡선과 그 차수(次數)의 관계를 조사했다. 이에 이어서 18세기의 해석기하학이 꽃피게 되었다고 볼 수 있으며 해석기하학에는 선형성이 여러 형태로 관련되어 선형변환과 관련된 행렬식이 연구되었다.

수학의 거의 모든 영역에서와 마찬가지로 선형대수학 역시 구체적인 대상에서 출발하여 추상화하면서 발전한다. 선형대수학에서 소개되는 추상개념은 벡터의 일차독립 같은 기본적이기는 하나 추상화는 간단히 설명하기 어려워 여기서는 생략한다. 추상 수학은 따로 한 단원을 할당하여 설명하기로 한다.

대수학의 주된 관심사는 방정식의 풀이이다. 중학교 일학년 때 배운 일차방정식의 풀이가 그 첫발이다. 이차방정식의 풀이는 기억에도 선명한 근의 공식과 판별식으로 완성된다. 알렉산드리아 시대의 디오판토스(246?-330?, 그리스)는 이미 이차방정식의 해법을 알고 있었다고 알려져 있다.

이차방정식의 풀이가 완성되고 나서 관심은 자연스럽게 삼차방정식의 근의 공식을 찾는 데로 옮겨 간다. 그렇다면 삼차방정식이나 사 차 이상의 방정식에 대한 궁금증은 어떻게 해결됐을까?

삼차방정식

$$ax^3 + bx^2 + cx + d = 0, \ a \neq 0$$

의 근의 공식은 알려져 있으나 거의 사용되지 않는다. 처음 이 공식을 발견한 사람은 이탈리아의 Nicolo Fontana였다. 16세기 유럽에서는 수학 문제 풀기 시합이 유행했다고 하는데, 어릴 때 혀를 다쳐서 말을 잘못하는 벙어리인 Fontana는 삼차방정식의 공식을 발견하고는 그 대단한 공식을 자신만이 알고 있었다. 그런데, Cardano 라는 사람이 Fontana에게 찾아와서 그 공식을 가르쳐 달라고 간청을 하였다. Fontana는 비밀로 한다는 조건 아래, 그 공식을 가르쳐 주었다고 한다. 그러나, 얼마 후 Cardano는 자기 책 『Ars Magna』 (위대한 계산법)에 그 공식을 발표해 버렸다. 오늘날 카르다노의 방법이라고 알려진 이유입니다.

삼차방정식과 사차방정식의 근의 공식이 연달아 발표되자 많은 수학자는 5차 방정식의 근의 공식도 이것들과 비슷한 방법으로 구해질 수 있으리란 생각으로 도전하였다. 당대의 명망 높은 수학자들이 5차 방정식의 근의 공식을 찾기 위해 노력했었지만, 결과는 계속 실패로 끝나게 된다. 이쯤 되자 수학계에서는 5차 방정식의 근의 공식이 존재한다는 사실 자체에 대한 회의적인 생각에 이른다. 젊은 수학자 아벨(Abel, N. H.)은 사차방정식의 근의 공식이 발표된 이후로 250년 이상의 세월을 고민해 왔던 문제에 마침내 마침표를 찍는다. 1,824년 아벨은 "5차 이상의 방정식의 일반 해는 대수적인 방법(사칙연산과 제곱 및 제곱근 등의 방법들)으로 구할 수 없다." 라는 것을 증명하였다.

그러나 이 젊은 천재 수학자도 가난과 과도한 연구로 인한 질병에 시달리다가 27세의 젊은 나이로 세상을 떠나고 말았다. 그가 죽은 지 이틀 후에 베를린 대학의 교수로 초빙한다는 편지가 도착하여 그의 죽음을 더욱 애석하다.

아벨과 동시대를 살았던 또 한 명의 천재 수학자 프랑스의 갈루아(Galois, E.)는 한 발짝 더 나아가 주어진 대수 방정식이 대수적으로 풀 수 있는지 어떤지는 근에 대한 치환 군(아벨 군)의 군론적

구조에 따라 명백해진다는 것을 밝혔다. 이와 같은 독창적인 갈루아의 생각은 오늘의 갈루아 이론의 바탕이 되었다. "5차 방정식의 일반 해를 구할 수 없다."를 증명하는 과정에서 탄생한 '군'의 개념은 현대 수학, 특히 대수학 영역에 막대한 영향을 주었다.

대수학은 수학 이외의 다른 과학에도 응용된다. 이론물리학에서 군론과 군 표현론은 양자론의 발전에 특히 고체물리학과 연관하여 중요한 역할을 했다. 불대수(Boolean algebra) 이론은 계산기 설계에 널리 이용되었다. 대수학이 다른 분야에 사용됨으로써 대수학 그 자체의 발전이 촉진되었다.

01 이차방정식의 근의 공식은 이차방정식을 풀 때 매우 유용하게
사용된다. 그러나 삼차방정식의 근의 공식은 배우지도 않으며,
사실 사용하지 않습니다. 그 이유에 대하여 설명하여라.

02 미지수가 2개인 일차방정식 두 개로 구성된 일차 연립방정식

$$\begin{cases} ax+by+c=0 \\ px+qy+r=0 \end{cases}$$

에서 식 하나는 좌표평면의 직선이다. 이 직선 위에 있는 모든
좌표의 x값, y값을 식에 대입하면 식이 성립한다. 따라서 연립
방정식의 해는 좌표평면에서 두 직선의 교점을 구하고 이 교점
좌표의 x값, y값이 해가 된다.

(1) 미지수가 3개인 일차방정식 세 개로 구성된 일차 연립방정
식에서 식 하나의 그래프가 어떤 모양인지를 설명하여라.

(2) 미지수가 3개인 일차방정식 세 개로 구성된 일차 연립방정
식의 해를 그래프를 이용하여 설명하여라.

(3) 미지수가 3개인 일차방정식 세 개로 구성된 일차 연립방정
식의 해가 한 쌍,

해가 무수히 많은 경우, 해가 존재하지 않는 경우를 그래프
를 이용하여 설명하여라.

03 삼차 방정식 $x^3 - 6x^2 + x - 1 = 0$을 $x^3 + Ax = B$의 형태로 변형하여라.

04 삼차 방정식 $x^3 + 63x = 316$의 해를 하나 구하여라.

05 $x^3 + y^2 = z^3$을 만족하는 양의 정수 x, y, z는 존재하지 않는다 (페르마의 마지막 정리 참조). 다음에 답하여라.

(1) $x^3 + y^2 = z^3$을 만족하는 정수 x, y, z가 존재하는가?

(2) $x^3 + y^2 = z^3$을 만족하는 0이 아닌 정수 x, y, z가 존재하는가?

4.3 기하학이란? ──── •

중학교나 고등학교에서 도형을 전혀 배운 적이 없는 학생에게 기하학이 무엇인지를 설명하기는 매우 어렵다. 다행히 우리는 중학생 때부터 도형을 배웠다. 기하학을 공간을 다루는 수학 분야라고 설명할 수 있겠다.

대학교에서 배우는 기하학은 언뜻 보면 우리가 중고등학생 때 배우는 기하학이랑 아주 다른 면이 있다. 대학교 수학과 학부 때 배우는 기하학은 보통의 2~3차원 유클리드 공간에 한정하지 않는다. 유클리드 공간을 고차원으로 확장 시킨다. 따라서 시각적으로 종이에 표현이 가능하지 않다. 고차원으로 확대된 공간에서의 정의는 유클리드 기하학에서처럼 구체적 대상을 가지고 정의하지 않는다. 추상적인 공간과 이 공간 위에서 논리적인 정의를 한다. 이 정의는 일반성을 갖고 있어야 하는데 예를 들어 이 정의를 유클리드 공간에 적용해도 맞아떨어져야 한다. 유클리드 기하학만을 아는 학생에게 예를 들어 대학교의 기하학의 한 정의를 설명하면, 2~3차원에서의 곡면 (surface)을 임의의 차원으로 확장시킨 정의를 다양체(manifold)라고 한다. 유클리드 기하학의 곡면과 다양체와의 관계를 알지 못하면 대체 왜 대학에서 배우는 기하학이 우리가 알고 있는 기하학에 속하는지가 이해하기 힘들 것이다. 사실 위상수학을 처음 대했을 때 이 분야가 기하학이라는 사실을 쉽게 받아들여지지 않는다. 하지만 이는 그림으로 표현이 불가능해졌을 뿐, 공간의 기하학적 구조를 다룬다는 사실 자체는 같기 때문에 기하학 분야로 보아야 한다. 기하학은 일반적으로 해석기하학과 대수적 기하학으로 나뉜다. 현대 수학에 와서 해석기하학은 미분기하학으로 대표 된다. 미분기하학은 미분이라는 구조를 가지고 곡선(curve)과 곡면, 나아가서는 다양체와 벡터 번들(vector bundle)을 위시한 기하학적 개체를 다루는 학문이다. 대수기하학의 경우 현대 수학의 각 분야 전반과 매우 깊은 연관을 맺고 있다. 심지어 수학기초론도 포함된다. 일반적인 기하학보다도 훨씬, 타 분야와의 관련성이 많다.

위상 수학(topology)

위상 수학의 시작 부분에서 위상 공간을 정의한다. 위상 공간에서 정의의 대상은 도형이 아니고 집합족(원소가 집합인 집합을 집합족이라고 한다.)이다. 위상 공간을 정의하고 나면 열린 집합을 정의한다. 물론 이 집합의 원소를 구체적인 도형에 대응시키기란 초보자에겐 매우 어려운 일이다. 그런데 일직선 위에 열린 구간은 위상 공간의 열린 집합의 모든 성질을 만족함을 어렵지 않게 확인할 수 있다. 위상 수학이 기하학의 한 분야이면서 기하학 이름이 붙지 않고 위상 수학으로 불리는 것은 아마도 기하학의 공간에서 거리를 따지지 않기 때문일 것이다. 위상 수학에서는 두 대상이 닿았는가 떨어져 있는가를 중요하지 얼마나 멀리 떨어져 있는가는 고려 대상이 아니기 때문일 것이다. 거리가 고려 대상이 아니면 도형의 모양 역시 문제가 되지 않는다. 중요한 것은 대상끼리 공통의 성질 즉 위상적 성질이다. 예를 들어 원판이나 직사각형 모양의 판이나 서로 같은 위상을 갖는다.

그림 4.3.1

위상 수학의 정의는 집합을 대상으로 하였기에 다른 분야에도 같은 정의가 가능하다. 프로그래밍 언어에도 위상을 정의하여 위상 공간으로 만들 수 있다. 같은 기능을 하면 같은 위상으로 정의하여 논리체계에도 위상을 정의하여 위상 공간으로 만드는 게 가능하다.

위상 수학은 크게 일반위상 수학, 대수적 위상 수학, 미분 위상 수학의 세 분야가 있다. 일반위상 수학은 말 그대로 일반적인 공간의 성질들, 예를 들어 컴팩트, 분리공리 등을 다룬다. 대수적 위상 수학은 호모토피, 기본군, 그리고 피복 공간이나 공간의 축약 등에 대해 다룬다. 마지막으로 미분 위상 수학은 미분기하학에서 다루었던 텐서, 접공간 등이 등장한다. 미분형식 등을 특히 주로 다루며, 미분다양체 위에서의 여러 가지 성질을 다룬다. 사실 미분다양체는 미분 위상 수학의 일부분이자 전체라고 할 수 있다.

비유클리드 기하학

세상에서 피타고라스 정리는 항상 성립할까? 평면 위에서는 피타고라스의 정리가 성립한다. 하지만 실험을 통해 살펴보면, 구면 위에서는 피타고라스 정리가 성립하지 않는다. 실제로 구면 위에서는 어떤 성질이 성립하는가? 그 중 하나는, 구면에 그려진 삼각형의 내각의 합은 항상 $180°$ 보다 크다는 성질이다. 예를 통해 살펴보자.

그림 4.3.2에 보듯, 적도와 그리니치 자오선, 그리니치 자오선에서 서경 73도의 경도선(뉴욕을 지나는 선)으로 이루어진 삼각형이다. 두 경도선과 적도의 교차각은 모두 $90°$ 도이므로, 내각의 합은 $180°$ 가 넘는다. 그러면 구면 위에서 측지삼각형(변이 측지선인 삼각형)의 내각의 합이 $270°$ 도일 수 있다. 여기서 눈치챌 수 있듯이, 지구와 같은 구위에서 '직선'은 대원(great circle)의 일부이다. 대원이란, 구의 중심을 지나는 평면과 구가 만나는 곡선을 말한다. 곡면 위에서 직선 역할을 하는 곡선을 측지선(geodesic)이라고 한다. 측지선은 곡면 위에서 두 점 사이의 최단거리가 되는 곡선이다. 따라서 구 위에서의 측지선은 대원이다.

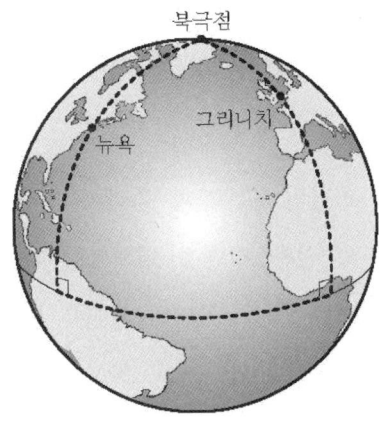

그림 4.3.2 : 구 위의 삼각형

한편, 반지름이 R의 구에서는 다음 식이 성립한다.

$$(\angle A + \angle B + \angle C) - \pi = \frac{1}{R^2} \times (\text{삼각형 ABC의 면적}).$$

이 식은 가우스가 처음 알아내었다. 이는 구 위의 삼각형의 넓이 공식이라고도 말할 수 있다. 이를 응용하면 반구의 넓이는 $\frac{\pi}{2} \times 4 \times R^2 = 2\pi R^2$가 되어 구면의 넓이는 잘 아는 대로 $4\pi R^2$이다. 위의 공식을 통해서 우리는 삼각형의 내각의 합이 항상 180도보다 크다는 사실도 알 수 있다.

그러면 구면은 평면하고 다른가? 이 질문에 누구나 당장 "그럼! 다르지. 어디 비슷하게 생겼냐?" 하고 말할 것이다. 그러나 "정말? 어떻게 아는데? 혹시 일부분만 잘 보면 평면하고 똑같을지 몰라."

하고 따지면 어떻게 설명할지 난감해진다. 이럴 때 다음과 같이 설명할 수 있다.

구면의 일부분이 평면의 일부분과 똑같이 생겼다면, 이 똑같다는 말은 구면 부분의 각 점을 평면에 일대일로 대응시킬 수 있어서, 이 대응에 따라 비교해보면 두 곡면의 차이를 느낄 수 없다는 말이 된다. 따라서 특히 두 점 사이의 거리, 곡선의 길이, 직선(가장 짧은 선), 그리고 넓이 등이 모두 같은 값을 가지고 서로 대응되게 된다. 자 이제 서로 일치하는 이 영역 안에 놓인 삼각형을 생각해 보자. 이 삼각형은 세 꼭짓점과 이 세 점을 잇는 직선(구면에서는 직선이 대원이다)으로 이루어져 있다. 만일 이 대응이 모든 것을 보존한다면, 두 곡면 위에서 세 꼭짓점의 각의 크기도 같고 세 변의 길이도 같으며 넓이 또한 같아야 한다. 그런데 앞의 공식을 보면 과연 그럴 수가 있는가? 평면 삼각형의 내각의 합은 π인데 구면 삼각형의 내각의 합은 π보다 크다. 그러니까 구면의 어떤 삼각형도 평면삼각형과 같은 꼭지각과 변을 가질 수 없다. 따라서 구면의 어떤 부분도 평면의 일부분과는 똑같은 모양을 하고 있지 않다.

이렇게 똑같은 모양이라면 구체적으로 같아지는 길이, 각, 넓이와 같은 양(quantity)이 결정적인 역할을 하고 있음을 알 수 있다. 이렇게 서로 다른 대상이더라도 모양만 같으면 같은 값을 갖는 양을 기하의 불변량(invariant)라고 부른다. 기하학은 다루는 대상의 불변량을 연구하는 학문이라고 해도 된다. 이런 불변량은 특히 미분기하학 (differential geometry)이나 위상기하학(topology)에서 큰 역할을 한다.

이렇게 구면과 평면과 다르기 때문에 지구의 지도를 표현하려고 하면 왜곡이 발생하게 된다. 구면과 평면이 다른 점을 하나 더 들수 있다. 구면에서는 평행선 공준이 성립하지 않는다. 임의의 직선에 대해 그 위에 있지 않은 점을 지나는 직선은 무조건 처음 직선을 만나게 된다.

우리는 지금까지 평면과 구면에 대해 살펴보았다. 만약 우리의 세상을 우주로 확장시키면 어떨까? 우주에서 피타고라스의 정리는 성립할까? 우주에서 두 점 사이의 최단거리는 평면에서처럼 직선이 아니라 공간이 휘어져 있기 때문에 그에 따라 그 직선도 휘어져 있다. 이는 평면과 달리 구면에서의 직선이 휘어져 있는 것과 비슷하다. 그렇기 때문에 우주공간에서도 역시 피타고라스의 정리가 성립하지 않는다.

01 프링글스 감자 칩 위에 삼각형을 그리면 삼각형의 내각의 합이
어떻게 되는가? 180도보다 큰가? 아닌가?

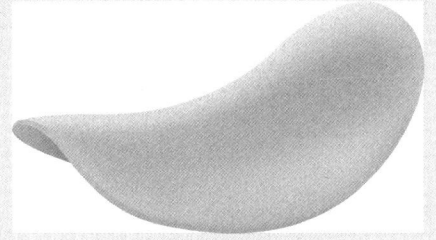

그림 4.3.3 : 프링글스 감자 칩

비누막 실험과 극소곡면

두 개의 원형 철사들을 비눗물에 담갔다 꺼내면 비누막이 생긴다 (그림 4.3.4). 이 때 생기는 비누막은 철사들을 경계로 하는 곡면 중에서 넓이가 가장 작은 것이다.

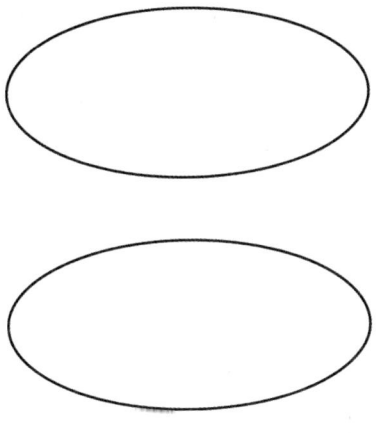

그림 4.3.4: 비누막 실험

실제로 만들어지는 국면은 현수면(Catenoid) 형태로, 평면 그래프 $y = a\cosh(x/a)$ 형태의 곡선 (연습문제 1의 현수선)을 x-축을 따라 회전시킨 모양이다 (그림 4.3.5 참조). 이 곡면과, 같은 원형 철사를 경계로 하는 원통의 옆면의 넓이를 비교해보면, 현수면 곡면의 넓이가 더 작음을 알 수 있다. 예를 들어보자. 곡면 S는 밑면의 반지름이 $\cosh 1 \cong 1.543$이고, 높이가 2인 원통의 옆면이다. 또한 곡면 C는 평면그래프 $y = \cosh x$, $-1 \le x \le 1$를 x-축을 따라 회전시킨 곡면이다(그림 4.3.5). 이때 두 곡면 S와 C의 넓이를 각각 구하여 비교하면, C 곡면의 넓이가 훨씬 더 작다.

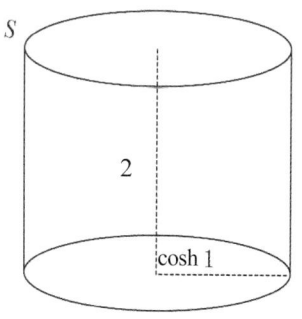
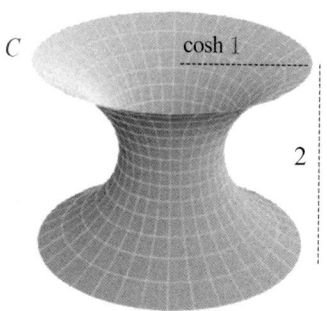

그림 4.3.5 : 두 곡면 S와 C

† 곡면 S의 표면적은 $2\pi \times$(반지름)$\times$(높이)$= 4\pi\cosh 1 \cong 6.172\pi$ 이다. 곡면 C의 표면적은 5.626π에 가깝다. 따라서 곡면 C의 표면적이 S의 표면적보다 8.84% 작다. 함수 $y = f(x) = \cosh x$의 그래프(현수선)는 다음과 같다.

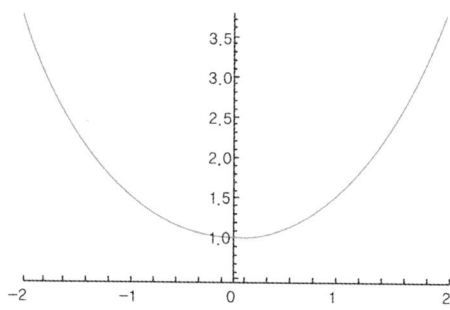

곡면 C의 표면적은 곡면의 면적을 구하는 공식을 이용하면 된다. 그러면 다음 값을 얻게 된다.

$$\text{표면적} = 2\pi \int_{-1}^{1} f(x)\sqrt{1 + (f'(x))^2}\, dx \cong 5.626\pi. \quad \blacksquare$$

비누막이 원통이 아니라 현수면 형태로 만들어지는 것은, 비누막이 자신의 넓이를 작게 만들려는 성질이 있기 때문이다. 이런 현상을 과학에서는 '표면장력'으로 설명한다. 즉, 비누막을 이루는 물 분자들이 서로 끌어당기기 때문이라는 것이다. 비누막의 이런 성질은 어떤 넓이나 길이를 가장 작게 만드는 문제를 해결하는 중요한 힌트를 준다. 이는 어려운 문제이다. 실제로 건물이나 파이프라인과 같은 것을 건설할 때 비누막 실험을 통해서 그 모양을 결정하는 경우도 있다. 그러나 비누막 실험만으로 문제를 완전히 해결할 수는 없다.

비누막이 넓이를 작게 만들려는 성질이 있다고 해서 실제로 만들어진 비누막이 정말 넓이가 가장 작게 되는 모양인지는 확실하지 않기 때문이다. 그러나 비누막 실험으로 얻어진 답은 대개 실제로 이용하기에는 충분하며, 대부분의 경우 수학적인 답(실제 답)과도 일치한다. 그렇기에 비누막은 넓이가 가장 작은 면의 모양을 구하는 어려운 문제를 푸는, 조금은 불완전한 방법이라고 할 수 있다.[14]

물리학자 플래토(Plateau)는 다양한 모양의 철사로 비누막 실험을 하고, 1847년 모든 형태의 철사 모양에 대해 비누막이 항상 존재한다는 실험결과를 발표하였다. 그렇다면 임의의 철사를 경계로 하는 최소넓이의 곡면이 존재한다는 것을 수학적으로 증명할 수 있는가?

---

14) 이 설은 [14]를 참조하였다.

이 문제를 플래토 문제(Plateau's problem)라고 하는데, 이는 원래 1762년 라그랑지가 질문한 문제이기도 하다. 이러한 곡면을 '극소곡면'이라고 부른다. 극소곡면은 무한히 뻗은 비누막이라고 생각하면 된다.

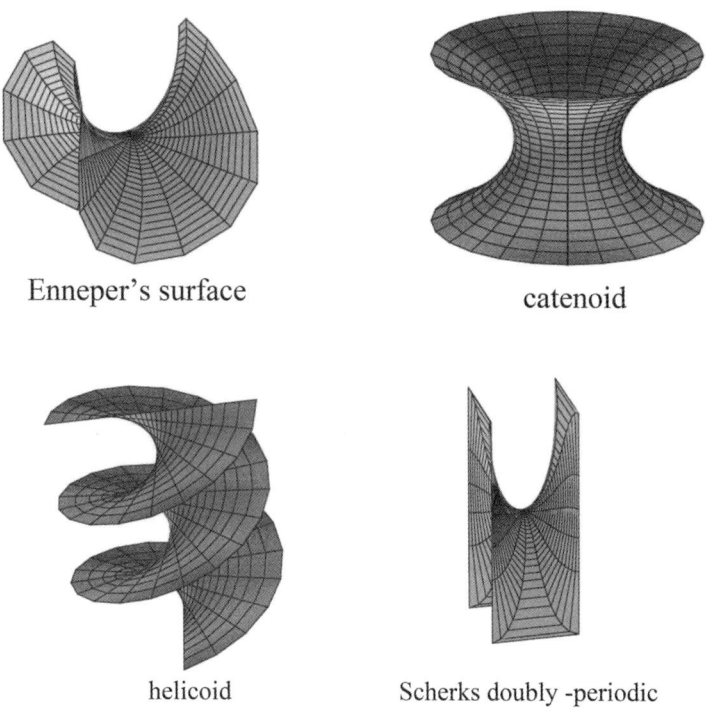

Enneper's surface   catenoid

helicoid   Scherks doubly -periodic

그림 4.3.6 : 극소곡면의 예

그런데 플래토의 실험결과는 플래토 문제를 수학적으로 해결한 것으로 볼 수는 없었다. 당대의 유명한 수학자들이 이 문제를 풀려고 노력하였으나 미미한 결과만 얻었고, 결국 1930년에야 더글러스와 라도가 각각 독립적으로 이 문제를 풀었다. 후에 Morrey는 이 문제가 보다 일반화한 상황에서도 성립한다는 사실을 보였다. 이후 Hoffman과 Meeks는 컴퓨터 그래픽을 활용하여 기존과 다른 새로운 극소곡면을 만들어 내기도 하였다. 극소곡면은 최소의 넓이를 갖는다는 성질은 비누막으로 하여금 매우 안정적인 구조를 갖게 하기 때문에 건축에 이용되기도 한다. 예를 들면, 뮌헨 올림픽 스타디움의 지붕은 비누막 모양으로 디자인되었다.

그림 4.3.7 : 뮌헨 올림픽 스타디움

01 현수선(catenary)이란 양 끝이 고정된 두 점에 매달리고 자유롭게 늘어진 줄이 형성하는 곡선을 말한다. '이러한 곡선이 무엇인가'라는 문제를 야곱 베르누이가 제기하였다. 이 현수선은 다음 곡선이 된다.

$$y = \cosh(ax) = \frac{e^{ax} + e^{-ax}}{2}$$

여기서 a는 상수로, 줄의 물리적인 요소인 밀도(단위 길이당 질량)와 장력에 따라 결정되는 값이다. a의 값을 달리하면서 이 곡선을 그려보시오.

사영기하학

인류의 초기 회화를 보면, 입체를 그림을 그리는 화면(캔버스)에서 표현할 때 사실감이 거의 없었다. 간혹 조각 등을 통해 사실감을 표현하기는 하였지만, 대부분의 그림에서 멀고 가까움을 표현하지 못해 입체감이 떨어졌다. 삼차원 공간의 입체를 이차원 평면에 어떻게 표현하는 것이 좋을까? 이는 회화나 건축 설계에서 매우 중요한 문제이다.

먼 것은 작게, 가까운 것은 크게 그린다는 '원근법'(perspective)는 르네상스 시대에 피렌체 대성당을 설계한 건축가 브루넬레스키가 남긴 유산이다. 이는 입체적인 공간을 평면에 묘사하는 기하학적인 방법으로서, 풍경이 카메라 렌즈를 통해 필름에 투사되는 원리와 비슷하다. 이 원근법은 예술적이라기보다는 과학적인 성격을 지닌 것이었으나, 미술가들로 하여금 작품 구성의 모든 측면을 쉽게 통제할 수 있게 해주었기 때문에, 초기 르네상스 미술에서 매우 중요한 개념으로 받아들여졌다. 그의 제자인 레온 바티스타 알베르티(Leon Battista Alberti, 1404~1472)는 『회화론』(Della Pittura)에서, 수학을 예술과 과학의 공통기초라고 하면서 기하학에 바탕을 둔 원근법의 원리를 발표하였다.

이 원근법에서는 소실점(vanishing point)의 원리가 핵심인데, 소실점이란 평행선이 아득히 멀어지면서 결국 만나게 되는 한 점을 가리킨다. 일반적으로 소실점은 지평선(또는 수평선)상에 위치하며, 그 위치는 관찰자의 눈높이에 따라 달라진다.

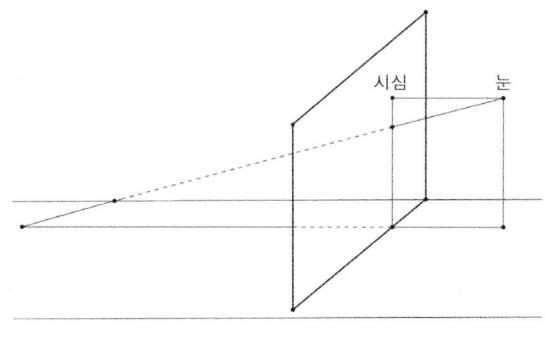

그림 4.3.8 : 화가의 눈과 시심

그림 4.3.8에서 화면은 바닥 면에 수직이고, 화가의 눈(시점)에서 화면에 내린 수선의 발이 시심이다.

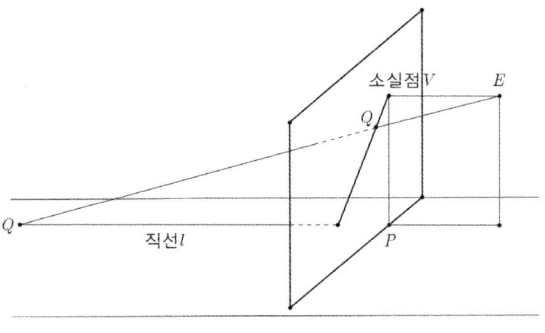

그림 4.3.9 : 직선 l의 소실점

그러면 시점 E를 지나고 직선 l에 평행한 직선이 화면과 만나는 점이 직선 l의 소실점이 된다. 왜냐하면, Q'은 직선 PV 위에 놓여 있고, Q가 직선 l을 따라 점점 멀리 가면 Q'은 V에 가까이 가게 되기 때문이다. 또한 바닥 면에서 직선 l과 평행한 다른 직선이 있다면, 그 직선의 소실점도 점 V가 된다. 즉, 평행한 두 직선은 같은 소실점을 갖게 된다.

그림 4.3.10 : 철도궤도들이 멀리서 만나는 점

따라서 소실점은 평행선들이 무한히 먼 곳에서 하나가 된 것이라고 볼 수 있다. 그림 4.3.10에서 철도 궤도들이 멀리서 만나는 점이 소실점인데, 이는 눈의 높이와 같다. 그리고 이러한 소실점들을 모두 모아둔 집합이 바로 지평선(또는 수평선)이다.

이제 바닥 면에 놓인 정사각형을 화면에 그리는 방법을 생각하자. 이는 바닥에서 $\overline{M^*Q^*}$를 한 변으로 하는 정사각형의 상을 화면에 나타내는 문제이다. 즉, H의 위치를 구하는 문제이다. 그림 4.3.11에서 $C^*E^* = CE$이도록 E^*를 정한다.

따라서 $QP = CE = C^*E^* = Q^*P^*$이다. $\overline{M^*E^*}$와 $\overline{C^*Q^*}$의 교점 H^*를 정한다. ME와 화면의 교점을 H라 한다.

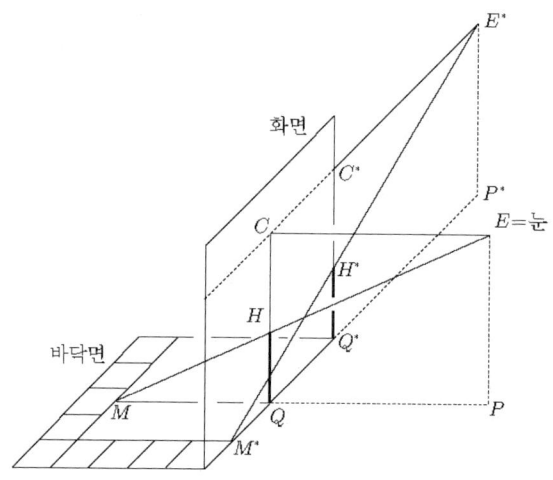

그림 4.3.11 : 화면에 정사각형 그리기

삼각형 $E^*M^*P^*$와 삼각형 EMP는 높이와 밑변이 같은 직각 삼
각형이고 따라서 합동이다. $MQ = M^*Q^*$이므로 $HQ = H^*Q^*$이다.
여기서 H는 H^*를 지나면서 $\overline{M^*Q^*}$에 평행한 선이 $\overline{CQ}$와 만난 점
이다. 따라서 화면에 정사각형의 높이는 HQ로 나타난다. 이를 화
면에서 보자.

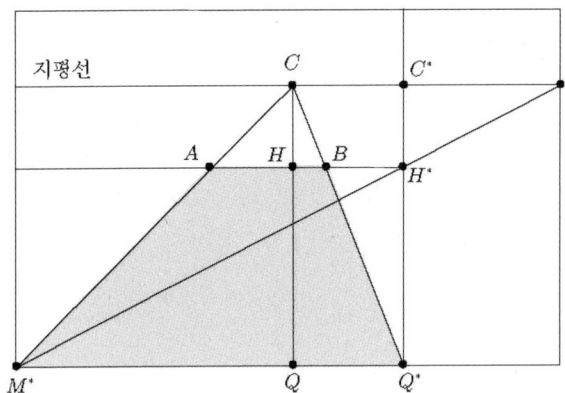

그림 4.3.12 : 화면에 그린 정사각형

이제 눈 대신에 광원 체를 놓았다고 생각하자. 그러면 그림 4.3.13 에서 보듯, 화면의 원의 그림자가 바닥 면의 타원으로 나타난다. 만약 광원 체의 높이를 다르게 하면, 원의 그림자가 포물선이 되기도 한다. 이는 고대 그리스인들도 알고 있던 사실이다. 이런 사실이 사영기하학에서 쓰인다. 르네상스 시대 화가들의 연구로 기하학은 더욱 발전하였고, 결국 데자르그(Girard Desargues, 1591~1661)에 의하여 사영기하학(projective geometry)이 탄생하였다.

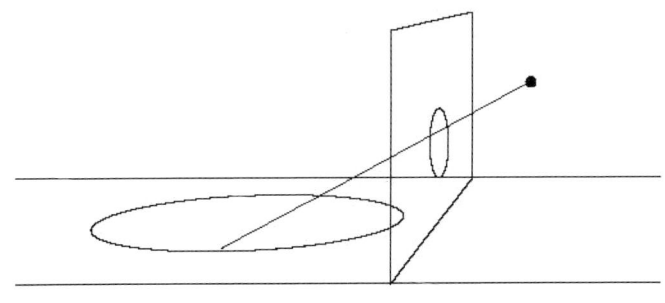

그림 4.3.13 : 원의 그림자

01 광원체의 높이를 다르게 하면 원의 그림자가 포물선이 되는 때가 있음을 설명하여라.

쪽매붙이기

쪽매붙이기란 특정한 조각들과 합동인 조각, 즉 쪽매들을 이용하여 평면을 빈틈없이 그리고 중복 없이 채우는 행위를 말한다.[15] 그 결과물을 쪽매붙임(tiling, tessellation)이라고 한다. 기하학적 쪽매붙임은 문명 초기부터 벽이나 바닥 면에 나타난다. 이는 유용성뿐만 아니라 예술성도 고려하여 다양하게 표현되어 왔다.

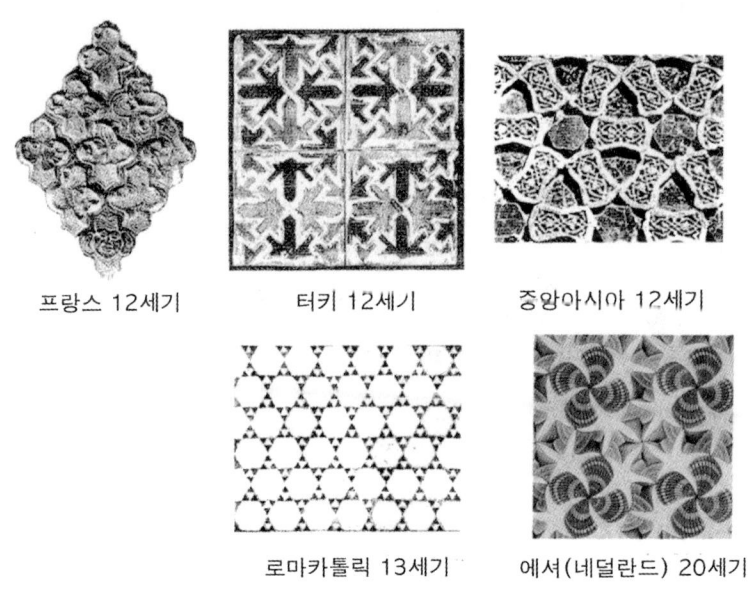

프랑스 12세기   터키 12세기   중앙아시아 12세기

로마카톨릭 13세기   에셔(네덜란드) 20세기

그림 4.3.14 : 여러 문명의 쪽매붙임

쪽매붙임을 위하여 주어진 특정한 조각 각각을 '쪽매원형'이라 한다. 쪽매원형이 한 조각뿐인 쪽매붙임을 일면 쪽매붙임이라 한다.

---

15) 이 부분은 [3]과 [22]를 참조하였다.

즉, 일면쪽매붙임은 모든 쪽매들이 서로 합동인 쪽매붙임이다. 쪽매붙임에는 다각형을 쪽매원형으로 하는 경우가 많다. 이에 대해 우리는 다음 질문에 관심이 있다. 주어진 다각형을 쪽매원형으로 하여 평면을 쪽매붙이기 할 수 있을까? 또는 주어진 도형을 쪽매원형으로 하여 평면을 쪽매붙이기 할 수 있는가?

먼저 임의의 다각형의 내각의 합을 살펴보면, 이는 $(n-2) \times 180°$ 이다. 왜냐하면, 예를 들어서 7각형은 5개의 삼각형으로 나눌 수 있기 때문이다 (그림 4.3.15). 따라서 7각형의 내각의 합은 삼각형의 내각의 합(180도)에 5을 곱한 값인 900도가 된다.

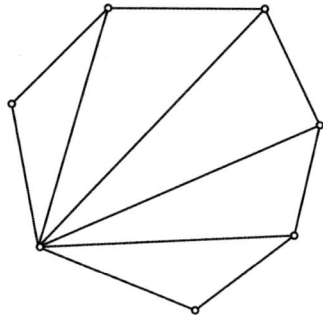

그림 4.3.15 : 7각형에 그려진 5개의 삼각형

따라서 정다각형의 한 내각의 크기는 $\dfrac{n-2}{n} \times 180°$ 이다. 이 사실을 이용하면, 정다각형 하나를 쪽매원형으로 사용하는 쪽매붙임은 세 가지 경우 밖에 없다. 즉, 이러한 쪽매붙임이 가능한 쪽매원형에는 정삼각형, 정사각형, 그리고 정육각형 밖에 없다. 이는 정다각형의 한 내각의 크기가 360도의 약수가 되는 경우는 $n = 3, 4, 6$ 뿐이기 때문이다.

정다각형이 아닌 경우는 어떻게 되는가? 삼각형이나 사각형 하나를 원형으로 하는 쪽매붙이기는 항상 가능하다. 오각형 하나를 원형으로 하는 오각쪽매는 있는가? 20세기 초에 라인하르트(K. Reinhardt)는 다섯가지 유형을, 케르슈너(R.B. Kershner)는 세가지 유형을 발견하였다. M. Gardner는 이 사실을, Scientific American 이라는 일반인을 대상으로 하는 잡지에 기사로 실었다. 아들이 보는 잡지에서 이 글을 읽은 50대 주부 마조리에 라이스는, 전문적인 수학 공부를 받은 적이 없음에도 불구하고, 기존과 다른 새로운 네가지 유형의 오각쪽매를 발견하였다.

이외에도 볼록 육각형을 쪽매원형으로 하는 쪽매붙이기는 3가지 유형이 있다. 또한 볼록 다각형은 7각형 이상의 경우 쪽매붙이기가 불가능하다는 사실이 알려져 있다.

한편, '아르키메데스 쪽매붙이기'(Archimedean tiling)란, 두가지 이상의 정다각형을 이용한 쪽매붙이기 중에서 꼭지점 모습이 동일한 것을 말한다. 예를 들어, 한 꼭지점에 세 개의 정다각형이 모이는 경우를 생각해 보자.[16] 각각이 l, m, n 각형이라고 하면, 정 k각

16) 이 부분은 [6]을 참조하였다.

형의 한 내각의 크기는 $\dfrac{k-2}{k} \times 180$도라는 위의 사실을 이용하면, 다음과 같은 식을 세울 수 있다.

$$\frac{l-2}{l} \times 180 + \frac{m-2}{m} \times 180 + \frac{n-2}{n} \times 180 = 360.$$

양변을 정리하고 나면, $\dfrac{1}{l}+\dfrac{1}{m}+\dfrac{1}{n}=\dfrac{1}{2}$이 된다. 이 방정식을 만족하는 해는 10가지나 있지만, 이 중에서는 실제로 아르키메데스 쪽매붙이기가 가능한 경우도 있고 아닌 경우도 있다. 왜냐하면, 이 방정식의 해라는 말은, 한 꼭지점에 세 정다각형이 만나서 360도를 이룬다는 뜻이지, 모든 꼭지점에서 세 다각형이 동일한 방식으로 만나서 평면을 채운다는 의미는 아니기 때문이다. 실제로는 (l, m, n)이 (3,12,12), (4,8,8), (4,6,12)인 세 가지의 경우뿐이다. 다른 경우도 따져보면, 그림 4.3.16처럼 모두 8가지 유형 밖에 없음을 알 수 있다.

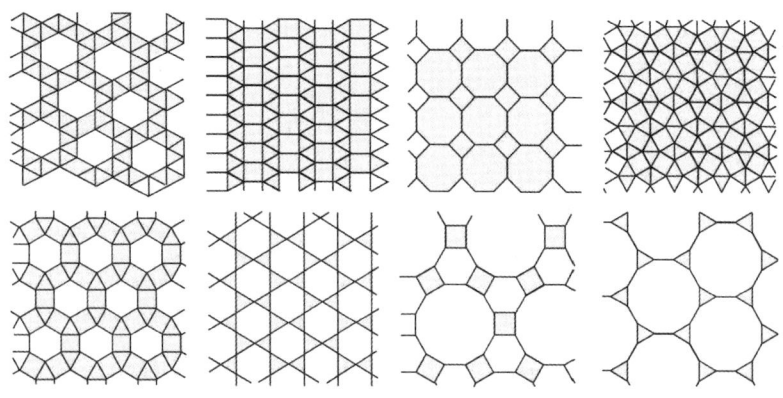

그림 4.3.16 : 아르키메데스 쪽매붙임

다각형 외에도 우리는 원하는 쪽매원형을 만들 수 있다. 예를 들면, 정사각형에 그림을 그린 후 이를 평행이동하거나, 회전시키거나, 거울에 비친 것처럼 뒤집는 반사를 하거나, 반사 후에 평행이동하는 등의 방법으로 쪽매원형을 만드는 것이다.

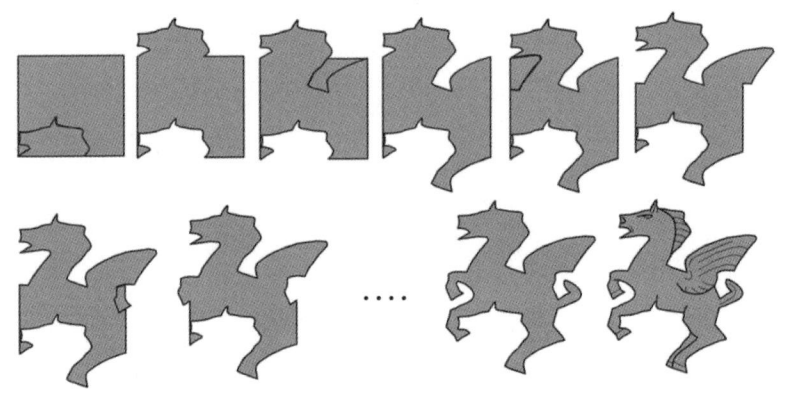

그림 4.3.17 : 평행이동을 이용한 천마만들기

그림 4.3.17은 M. 에셔(Maurits Escher, 1899~1972)가 평행이동을 이용하여 쪽매원형을 만드는 과정을 설명한 것이다. 에셔는 네덜란드 출신의 판화가로, 그의 작품 중에는 수학에 기반을 둔 것들이 많았다. 에셔의 천마도(flying horse)는 그림 4.3.17에서 만든 쪽매원형인 천마(flying horse)를 쪽매붙이기를 한 결과물이다.

01 본문의 내용에서 $\dfrac{1}{l}+\dfrac{1}{m}+\dfrac{1}{n}=\dfrac{1}{2}$ 을 만족하는 (l, m, n)의 쌍

을 모두 구하여라. 단, l, m, n은 모두 자연수이고, 3보다 같거나

큰 수이다. 이 방정식은 디오판토스 방정식의 한 종류이다.

연습문제
풀이

[연습문제 A]

01 $a*b = ab + a + b$ 로 정의하였을 때

(1) 0

(2) $a \neq -1$ 일 때 a 의 역원은 $-\dfrac{a}{a+1}$

02 정의역과 치역이 실수 전체인 두 함수 f, g 의 연산 $f*g$ 를 두 함수의 합성 함수로 정의하였다. 즉

$$(f*g)(x) = (f \circ g)(x) = f(g(x))$$

일 때

(1) 항등함수 I, 즉 정의역의 모든 실수 x 에 대하여 $I(x) = x$ 인 함수

(2) f 의 역함수 f^{-1}

03 두 행렬 $A = \begin{pmatrix} a & b \\ c & d \end{pmatrix}$, $B = \begin{pmatrix} p & q \\ r & s \end{pmatrix}$ 에 대하여 두 행렬의 곱을

$$AB = \begin{pmatrix} a & b \\ c & d \end{pmatrix}\begin{pmatrix} p & q \\ r & s \end{pmatrix} = \begin{pmatrix} ap+br & aq+bs \\ cp+dr & cq+ds \end{pmatrix}$$

로 정의하였을 때

(1) $\begin{pmatrix} 1 & 0 \\ 0 & 1 \end{pmatrix}$

(2) 역원이 존재할 조건은 $ad - bc \neq 0$

행렬 $A = \begin{pmatrix} a & b \\ c & d \end{pmatrix}$의 역원은 $\begin{pmatrix} \dfrac{d}{ad-bc} & \dfrac{-b}{ad-bc} \\ \dfrac{-c}{ad-bc} & \dfrac{a}{ad-bc} \end{pmatrix}$

[연습문제 B]

01 뺄셈, $10-(5-3) = 8 \neq 2 = (10-5)-3$

나눗셈 $24 \div (6 \div 2) = 8 \neq 2 = (24 \div 6) \div 2$

02 $A \cup (B \cap C) = (A \cup B) \cap (A \cup C)$

$A \cap (B \cup C) = (A \cap B) \cup (A \cap C)$

[연습문제 C]

01 $Q(2k-x,\ y)$

02 $y = f(2k-x)$

03 점 $Q(-x,\ -y)$

04 $-y = f(-x)$

05 점 $Q(2k-x,\ 2l-y)$

06 $2l - y = f(2k - x)$

[연습문제 1.2]

01

$-1 < x < 1$ 에 대하여 $1 + x + x^2 + x^3 + \cdots = \dfrac{1}{1-x}$

02

$-1 < x < 1$ 에 대하여 $\dfrac{1}{1+x} = \dfrac{1}{1-(-x)} =$

$1 - x + x^2 - x^3 + \cdots$

$-1 < x < 1$ 에 대하여

$\dfrac{1}{1+x^2} = \dfrac{1}{1-(-x^2)} = 1 - x^2 + x^4 - x^6 + x^8 + \cdots$

03 $(\tan x)' = \sec^2 x$

04 $(\tan^{-1} x)' = \dfrac{1}{1+x^2}$

05 $-1 \le x \le 1$ 에 대하여

$\tan^{-1} x = x - \dfrac{x^3}{3} + \dfrac{x^5}{5} - \dfrac{x^7}{7} + \dfrac{x^9}{9} - \cdots$

06

$$\tan^{-1}1 = 1 - \frac{1}{3} + \frac{1}{5} - \frac{1}{7} + \frac{1}{9} - \cdots$$

$$\tan^{-1}1 = \frac{\pi}{4}$$

$$\pi = 4\left(1 - \frac{1}{3} + \frac{1}{5} - \frac{1}{7} + \frac{1}{9} - \cdots\right)$$

π의 근삿값은 3.14

[**연습문제** 1.3]

01 $a_0 = 1$

02 $a_1 = 1$

03 $f^{(n)}(0) = n!\, a_n$

04

식 $e^1 = 1 + \frac{1}{1!} + \frac{1}{2!} + \frac{1}{3!} + \frac{1}{4!} + \cdots$

e의 근삿값은 $1 + \frac{1}{1!} + \frac{1}{2!} + \frac{1}{3!} + \frac{1}{4!} + \frac{1}{5!} + \frac{1}{6!} \approx 2.718$

[연습문제 1.4]

01 자연수 k에 대하여 $f(n) = \begin{cases} -k & \text{만일 } n = 2k \\ k & \text{만일 } n = 2k-1 \end{cases}$

02 만일 집합 $I = [0, 1] = \{x \mid 0 \leq x \leq 1\}$의 원소를 나열할 수 있다고 하고 그 원소들을

$$x_1,\ x_2,\ x_3,\ x_4,\ \cdots$$

이라고 하자. 그런데 $0 \leq\ x_1,\ x_2,\ x_3,\ x_4,\ \cdots\ \leq 1$이므로 $x_1,\ x_2,\ x_3,\ x_4,\ \cdots$은 소수점으로 표현할 수 있다.

$$x_1 = 0.a_{11}\,a_{12}\,a_{13}\,a_{14}\cdots$$

$$x_2 = 0.a_{21}\,a_{22}\,a_{23}\,a_{24}\cdots$$

$$x_3 = 0.a_{31}\,a_{32}\,a_{33}\,a_{34}\cdots$$

$$x_4 = 0.a_{41}\,a_{42}\,a_{43}\,a_{44}\cdots$$

$$\cdots$$

여기서

$a_{11},\ a_{12},\ a_{13},\ a_{14},\ \cdots \in \{0,\ 1,\ 2,\ 3,\ 4,\ 5,\ 6,\ 7,\ 8,\ 9\}$

$a_{21},\ a_{22},\ a_{23},\ a_{24},\ \cdots \in \{0,\ 1,\ 2,\ 3,\ 4,\ 5,\ 6,\ 7,\ 8,\ 9\}$

$a_{31},\ a_{32},\ a_{33},\ a_{34}\cdots \in \{0,\ 1,\ 2,\ 3,\ 4,\ 5,\ 6,\ 7,\ 8,\ 9\}$

$a_{41},\ a_{42},\ a_{43},\ a_{44},\ \cdots \in \{0,\ 1,\ 2,\ 3,\ 4,\ 5,\ 6,\ 7,\ 8,\ 9\}$

$$\cdots$$

이다. 이제

$b_1 \neq a_{11}$, $b_2 \neq a_{22}$, $b_3 \neq a_{33}$, $b_4 \neq a_{44}$, $\cdots$,

$b_1,\ b_2,\ b_3,\ b_4,\ \cdots \in \{0,\ 1,\ 2,\ 3,\ 4,\ 5,\ 6,\ 7,\ 8,\ 9\}$

에 대하여

$$y = 0.b_1 b_2 b_3 b_4 \cdots$$

라고 하면 $y \in I$이다.

(1) 소수점 첫 자리가 다르다.

(2) 자연수 n에 대하여 y의 소수점 n자리와 x_n의 소수점 n 자리가 다르다.

(3) 집합 I의 원소를 $x_1,\ x_2,\ x_3,\ x_4,\ \cdots$와 같이 나열하였다 고 하면 이들 원소와 다른 y가 존재하므로 모순이다.

(4) 집합 I의 원소 개수가 자연수 집합 N의 원소 개수와 같다 면 나열할 수 있어야 하는데 (3)의 결과로부터 집합 I위 원 소는 나열할 수 없다. 따라서 자연수 집합 N의 원소 개수 와 같을 수 없다.

03 같다.

04 존재한다.

[**연습문제** 1.5]

01 (ⅰ) 두 연속함수의 합은 연속이다.

(ⅱ) 연속함수의 실수 배 함수는 연속이다.

(2) $< 0, g > = \int_{-1}^{1} 0 \cdot g(x)dx = 0$

(3) $< 1, -2x > = \int_{-1}^{1} 1 \cdot (-2x)dx = 0$

(4) n 은 홀수

(5) $f, g \in C([-1, 1])$ 인 두 함수 f, g 의 거리를

$$d(f, g) = \sqrt{< f-g, f-g >}$$

로 정의한다. 또 $\| f \| = \sqrt{< f, f >}$ 를 함수 f 의 크기
라고 한다. 만일 두 함수 f, g 가 서로 수직이면 피타고라스
정리

$$\| f \|^2 + \| g \|^2 = \| f+g \|^2$$

임을 보여라.

$$\| f+g \|^2 = < f+g, f+g >$$

$$= \int_{-1}^{1} (f+g) \cdot (f+g)dx$$

$$= \int_{-1}^{1} f \cdot f dx + \int_{-1}^{1} f \cdot g dx + \int_{-1}^{1} g \cdot f dx + \int_{-1}^{1} g \cdot g dx$$

$$= \int_{-1}^{1} f \cdot f dx + 0 + 0 + \int_{-1}^{1} g \cdot g dx$$

$$= \| f \|^2 + \| g \|^2$$

[연습문제 A]

01 (1) 갑과 을, 병의 점수는 다음과 같다.

	갑의 점수	을의 점수	병의 점수
12온즈 파이	12	12	12
12온즈 머핀	24	12	12
12온즈 케이크	36	36	12

(2) 갑이 머핀을 가져가고, 을은 케이크을, 병은 파이를 받는다.

02 A의 시골별장 평가액을 x라고 하면, 보상기금은 $x + 3010$, $x > 2030$이고, 공정가는 A, B, C, 각각 $(2890 + x)/3$, 1630, 16100이다. 따라서 차액은

$(2x - 2890)/3 - 230$이다. 이 차액의 1/3이 원래의 추가배정액인 70만 원보다 작으려면 다음 식을 만족해야 한다.

$$\frac{1}{3}\left(\frac{2x - 2890}{3} - 230\right) \le 70$$

따라서 $x \le 2105$이다. 즉, x는 2030과 2105 사이의 값이어야 한다. 물론 서로의 생각을 모르고 평가하는 것이기 때문에 이를 미리 예측할 수는 없지만 말이다.

03 갑순이는 자동차와 집의 5/8, 을순이는 요트와 오두막과 집의 3/8을 가져간다.

[연습문제 B]

01 웹스터식 배정방법은 표준할당에 조정비율인 0.998을 곱한 후에 반올림방법을 적용한다. 예를 들면, A구에서 얻는 수는 32.85인데, 이를 반올림하면 33이 된다. 또한 아담스식 배정방법은 표준할당에 조정비율인 0.99를 곱한 후에 올림방법을 적용한다. 예를 들면, A구에서 얻는 수는 32.45인데, 이를 올리면 33이 된다.

[연습문제 A]

01 (1) 1순위표는 갑은 6표, 을은 4표, 병은 4표, 정은 3표를 받았다. 따라서 정은 빠지게 된다. 따라서

	3	2	2	2	2	2	1	2	1
1순위	병	갑	을	병	을	갑	갑	갑	병
2순위	갑	병	갑	을	병	을	을	병	을
3순위	을	을	병	갑	갑	병	병	을	갑

이제 1순위표는 갑은 7표, 을은 4표, 병은 6표가 된다. 따라서 을이 빠지게 된다. 그러면 다음과 같이 된다.

	3	2	2	2	2	2	1	2	1
1순위	병	갑	갑	병	병	갑	갑	갑	병
2순위	갑	병	병	갑	갑	병	병	병	갑

새 1순위표는 갑이 9표, 을이 8표가 된다. 따라서 갑이 당선된다.

(2) 갑은 $(6 \times 4) + (3 \times 3) + (3 \times 2) + (5 \times 1) = 44$점,

을은 $(4 \times 4) + (2 \times 3) + (6 \times 2) + (5 \times 1) = 39$점, 병은 45점, 정은 42점을 얻는다. 따라서 병이 당선된다.

(3) 갑과 을을 비교하면, 10대 7이 된다. 갑과 병을 비교하면 9대 8이 된다. 그리고 을과 병을 비교하면 7대 10이 된다. 따라서 갑은 2점, 을은 0점, 병은 1점이 되므로, 갑이 당선된다.

02 (1) 갑   (2) 을   (3) 단조기준

[연습문제 B]

01 당선 표 수는 60이다. 갑은 17표로 당선되고, 여기서 당선 표수를 빼고 나면 11이 남는다. 그 중 첫째 열과 둘째 열에는 $11 \times (6/17) = 3.9$를 배정하고, 마지막 열에는 $11 \times (5/17) = 3.2$를 배정한다. 따라서 다음 표와 같이 된다.

3.9	3.9	3.2
을	병	정
병	정	을
정	을	병

하지만 이 중 당선 표 수를 넘는 후보가 없다. 다시 최소 득표자인 정을 탈락시키고 나면, 다음 표와 같이 된다.

3.9	3.9	3.2
을	병	을
병	을	병

따라서 을이 7.1표로 당선된다.

[연습문제 A]

01 주어진 그래프의 각 꼭짓점의 차수의 합을 S라고 하면, S는 악수 정리에 의해서 짝수이다. 홀수 점의 개수를 x라고 하고, 짝수 점의 개수를 y라고 하자. 그리고 홀수 점의 차수를 합한 값을 A, 짝수 점의 차수를 합한 값을 B라고 하면, B는 짝수이고 A+B=S이다. 따라서 A=S-B도 짝수가 된다. 그런데 만약 홀수 점 이 홀수개라면 A는 홀수가 되어야 한다. 이는 A가 짝수라는 사실에 모순이 된다. 따라서 홀수 점은 짝수 개이다.

[연습문제 B]

01 XDEABCX 또는 XCBAEDX이다. 거리는 156 km이다.

[연습문제 2.4]

01 만일 주가가 22달러로 상승하면 주식의 가치는 $22x$이고, 옵션의 가치는 1달러이므로, 포트폴리오의 가치는 $22x-1$이다. 반대로 주가가 18달러로 하락하면 주식의 가치는 $18x$이고 옵션의 가치는 0이

므로, 포트폴리오의 가치는 $18x$이다. 주가가 18달러가 되든 22달러가 되든 포트폴리오의 가치를 같게 하는 x의 값을 선택하면 이 포트폴리오는 위험이 없다. $22x - 1 = 18x$. 따라서 $x = 0.25$이다. 만일 주가가 22달러로 상승하면 $22 \times 0.25 - 1 = 4.5$달러이고, 주가가 18달러로 하락해도 포트폴리오의 가치는 $18 \times 0.25 = 4.5$달러이다. 주가가 상승하든 하락하든 옵션만기일의 포트폴리오 가치는 항상 4.5달러이다. 현재 시점에서의 포트폴리오의 가치는 4.5달러의 현재가치는 $4.5e^{-0.12 \times 3/12} = 4.367$이다. 현재 주식의 가치는 20달러이다. 만일 옵션의 가치를 f라고 하면, x주를 매입하고 콜옵션 1개를 매도한 포트폴리오의 가치는 $20 \times 0.25 - f$이다. 이를 위에서 계산한 4.367과 같다고 하여 옵션의 가치를 계산하면 옵션의 가치는 0.633달러이다.

[연습문제 2.5]

01 (1) 12

  (2) n 개의 팀이 팀 간 한 번씩 모든 경기를 치르는 모든 경기 수는 $\dfrac{n(n-1)}{2}$ 이다. 팀 간 두 경기씩 치르므로 전체 경기 156 이다.

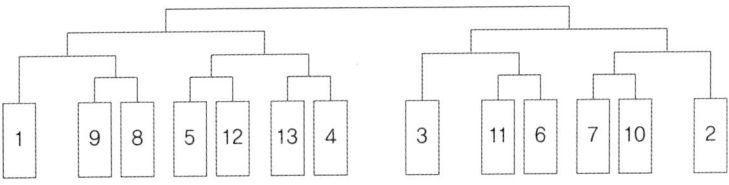

02 한 경기로 탈락자와 진출자를 결정이 되는 경기방식은 토너먼트 대진이다. 부전승 이 2명이고 4인이 1회전을 치러야 한다.

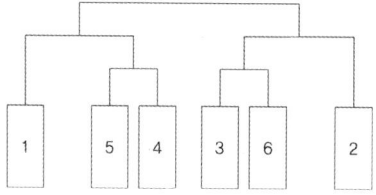

[연습문제 A]

01 $3 \oplus 7 \oplus 11 = 15$이다. 따라서 님합은 영이 아니다. 11개의 더미 에서 7개를 가져와 4개를 남기면 님합은 $3 \oplus 7 \oplus 4 = 0$이 된다.

[연습문제 B]

01 (1) 갑은 스페이드 A : 하트 8 = 3:1로 사용해야 한다.

(2) 을은 클로버 7 : 다이아몬드 2 = 1:1 로 사용해야 한다.

(3) 게임값은 1/2이다.

02 아버지가 아들을 위해 입을 다물 수 있다. 만약 아들도 아버지를 위해 입을 다문다면 최상의 결과인 (1,1)을 얻게 된다. 각자 이익 을 극대화하는 것보다 오히려 협조하는 것이 더 좋은 결과로 이 어지는 셈이다.

[연습문제 3.4]

01

> 풀이 증명 단계 1에서 $n=1$일 때 좌변이 $\dfrac{1}{1 \cdot 3}$ 이고 이는

$n=1$일 때 우변 $\dfrac{1}{2 \cdot 1+1}$ 과 같음을 보여야 하는데 ① 식의

n에 1을 대입만 한 것으로 보인다. 즉 단계 1의 증명에서

$\dfrac{1}{1 \cdot 3}=\dfrac{1}{2 \cdot 1+1}$ 는 식 ①을 증명하여야 하는 데 이용하였다.

식 ①을 증명하지 않았다.

단계 2의 증명에서

$$\frac{1}{1 \cdot 3}+\frac{1}{3 \cdot 5}+\frac{1}{5 \cdot 7}+\cdots$$
$$+\frac{1}{(2k+1) \cdot (2k+3)}$$
$$=\frac{k}{2k+1}+\frac{1}{(2k+1) \cdot (2k+3)}$$

부분은 틀렸다고 할 수는 없으나

$$\frac{1}{1 \cdot 3}+\frac{1}{3 \cdot 5}+\frac{1}{5 \cdot 7}+\cdots$$
$$+\frac{1}{(2k-1) \cdot (2k+1)}$$
$$+\frac{1}{\{2(k+1)-1\} \cdot \{2(k+1)+1\}}$$
$$=\frac{k}{2k+1}+\frac{1}{\{2(k+1)-1\} \cdot \{2(k+1)+1\}}$$

으로, 좌변에 k번째 항을 표현하고 $k+1$번째 항을 k번째 항

과 같은 형태로 표현하여 주고, 이 증명의 마지막 등식 $\dfrac{k+1}{2k+3}$

도 ① 식 우변의 n이 $k+1$일 때의 식 $\dfrac{k+1}{2(k+1)+1}$ 로 표현하

는 것이 더 정확한 표현이라 할 수 있다. 물론 단계 2에서 계산 과정이 너무 생략되어 있다. 또 단계 1과 단계 2, 두 단계만을 보이면 모든 자연수에 대하여 명제가 성립한다는 것이 수학적 귀납법이므로 증명의 맨 아래 줄에도 "수학적 귀납법에 따라서" 라는 인용이 필요하다.

증명 먼저 짝수는 어떤 정수 l에 관하여 $2 \cdot l$로 표현할 수 있다.

단계 1. $3^1 - 1 = 2 = 2 \cdot 1$

이므로 짝수이다.

단계 2. 만일 임의의 자연수 k에 대하여

$$3^k - 1$$

이 짝수라고 가정하자. 그러면 어떤 정수 l에 관하여 $3^k - 1 = 2 \cdot l$로 표현되고 이때 $3^k = 2l + 1$이 된다. 따라서 자연수 $k+1$에 대하여

$$\begin{aligned}
3^{k+1} - 1 &= 3 \cdot 3^k - 1 \\
&= 3(2l + 1) - 1 \\
&= 6l + 2 \\
&= 2(3l + 1)
\end{aligned}$$

여기서 $3l + 1$은 정수이므로 $2(3l + 1)$은 짝수 즉 $3^{k+1} - 1$은 짝수이다. 즉

$n = k + 1$일 때도 $3^n - 1$는 짝수이다. 그러므로 수학적 귀납법에 의하여 $3^n - 1$은 모든 자연수 n에 대하여 짝수이다.

02 다음 두 조건에 의하여 정의된 수열의 일반항을 추측하고 수학적 귀납법을 이용하여 자신의 답을 확인하여보아라.

조건 1. $a_1 = 3$

조건 2. $a_{n+1} = 2a_n - 1$

풀이

$$a_2 = 2a_1 - 1 = 2 \cdot 3 - 1$$

$$a_3 = 2a_2 - 1 = 2(2 \cdot 3 - 1) - 1 = 2^2 \cdot 3 - 2 - 1$$

$$a_4 = 2a_3 - 1 = 2(2^2 \cdot 3 - 2 - 1) - 1 = 2^3 \cdot 3 - 2^2 - 2 - 1$$

$$a_5 = 2a_4 - 1 = 2(2^3 \cdot 3 - 2^2 - 2 - 1) - 1 = 2^4 \cdot 3 - 2^3 - 2^2 - 2 - 1$$

$$\cdots$$

이므로

$$a_n = 2^{n-1} \cdot 3 - 2^{n-2} - \cdots - 2^3 - 2^2 - 2 - 1$$

$$= 2^{n-1} \cdot 3 - (2^{n-2} + \cdots + 2^2 + 2 + 1)$$

$$= 2^{n-1} \cdot 3 - (2^{n-1} - 1)$$

$$= 2^{n-1} \cdot 3 - 2^{n-1} + 1$$

$$= 2^{n-1}(3 - 1) + 1$$

$$= 2^n + 1$$

으로 추측하여 본다. 위의 식 두 번째 등식에서

$$1 + 2 + 2^2 + \cdots + 2^{n-2} = \frac{1 - 2^{(n-2)+1}}{1 - 2}$$

을 이용하였다. 이 추측, 즉 $a_n = 2^{n-1} + 1$ 이 모든 자연수 n 에 대하여 참이 되는지 수학적 귀납법으로 확인하여보자.

증명▶

단계 1. $n=1$일 때 $2^1+1=3$ 이므로 $a_n=2^n+1$이다.

단계 2. $n=k$일 때 $a_k=2^k+1$가 참이라고 가정하여보자. 그러면

$$a_{k+1}=2a_k-1$$
$$=2(2^k+1)-1$$
$$=2^{k+1}+1$$

이 되어 $n=k+1$일 때 $a_{k+1}=2^{k+1}+1$이 된다. 그러므로 수학적 귀납법에 따라서 모든 자연수 n에 대하여 $a_n=2^{n-1}+1$이다.

[연습문제 4.1]

01 $\sqrt{7}$ 의 근삿값을 $f(x)=x^2-7$의 그래프를 이용하여 해석학적으로 구하여 보자.

(1) $y-2=6(x-3)$

(2) $x_1=\dfrac{8}{3}$

(3) $y-\dfrac{1}{9}=\dfrac{16}{3}\left(x-\dfrac{8}{3}\right)$

(4) $x_2=\dfrac{127}{48}$

(5) $(x_2)^2 = \dfrac{16129}{2304} \approx 7.000433403$

02

(1) $< \sin kx,\ \sin lx > = \displaystyle\int_0^{2\pi} \sin kx \cdot \sin lx\, dx$

$= \displaystyle\int_0^{2\pi} \dfrac{1}{2}\{\cos(k-l)x - \cos(k+l)x\}dx$

$= [\dfrac{1}{2(k-l)}\sin(k-l) - \dfrac{1}{2(k+l)}\sin(k+l)]_0^{2\pi}$

$= 0$

(2) 유한개가 아닌 무한개는 하나씩 보낼 수가 없다.

[**연습문제** 4.2]

01 너무 복잡하여 실용적이지 못하다.

02 미지수가 2개인 일차방정식 두 개로 구성된 일차 연립방정식

$\begin{cases} ax + by + c = 0 \\ px + qy + r = 0 \end{cases}$

에서 식 하나는 좌표평면의 직선이다. 이 직선 위에 있는 모든 좌표의 x값, y값을 식에 대입하면 식이 성립한다. 따라서 연립방정식의 해는 좌표평면에서 두 직선의 교점을 구하고 이 교점 좌표의 x값, y값이 해가 된다.

(1) 공간상의 평면

(2) 세 평면이 만나서 생기는 도형(점, 선 또는 평면)

(3)

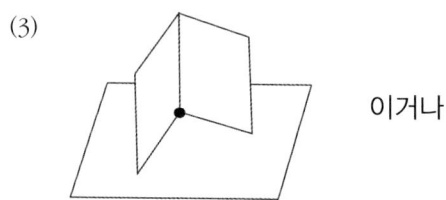 이거나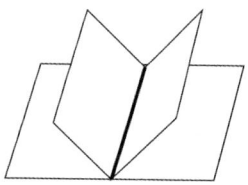

또는 세 평면이 일치하는 경우.

03 $x - 2 = t$ 라고 하면 $t^3 - 11t = 15$

04 $x = 4$

05 (1) $y = -x$, $z = 0$

(2) 존재하지 않는다.

[연습문제 A]

01 프링글스의 곡면을 따라 삼각형을 그리면 다음 그림과 같다.

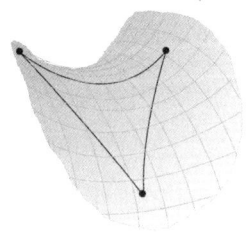

프링글스 위의 삼각형

이에서 보듯이 삼각형 내각의 합은 180도보다 작게 된다.

[연습문제 B]

01 광원체의 높이를 원의 중심에 두면, 원 중에서 중심 아랫부분은 그림자가 생기지만, 윗부분은 그림자가 생기지 않는다. 특히 원의 중심과 같은 높이에 있는 원 위의 두 점도 그림자가 생기지 않고 멀리 뻗어간다. 따라서 생기는 그림자는 타원이 아니라 포물선이 된다.

[연습문제 C]

01 (l,m,n)의 취할 수 있는 값은 다음과 같다. $(3,7,42)$, $(3,8,24)$, $(3, 9, 18)$, $(3,10, 15)$, $(3, 12, 12)$, $(4, 5,20)$, $(4,6, 12)$, $(4, 8, 8)$, $(5,5,10)$, $(6,6,6)$.

참고문헌

[1] 강옥기,김미진, 조현공, 허난, *수학여행*, 성균관대학교 출판부 2012

[2] 김용운, *인간학으로서의 수학*, 우성문화사 1988

[3] 김홍종, 문명, *수학의 필하모니*, 효형출판 2009

[4] 김홍종, 김희준, *수학으로 과학보기, 과학으로 수학보기*, 궁리 2011

[5] 엘리 마오, *오일러가 사랑한 수 e*, 허민 역, 경문사 1994

[6] 박경미, *수학콘서트*, 동아시아 2006

[7] 박경미, *수학비타민플러스*, 김영사 2012

[8] 박형빈, *수학은 생활이다*, 경문사 2009

[9] 박세희, *수학의 세계*, 서울대학교출판문화원 2013

[10] 조지 슈피로, 케플러의 추측, 심재관 역, 영림카디널 2004

[11] 사이먼 싱, *페르마의 마지막 정리*, 박병철 역, 영림카디널 2004

[12] 알렉스 벨로스, *신기한 수학나라의 알렉스* 김명남 역, 까치 2011

[13] 이규봉, 김성숙, 김화수, *생활 속의 수학*, 교우사 2010

[14] 최재경, *비누방울과 비누막에 담긴 수학*, http://newton.kias.re.k r/~choe/bubble.html

[15] 최형인, 구혜진, *금융수학*, 서울대학교

[16] 스티븐 크란츠, *문제해결로 살펴본 수학사*, 남호영, 장영호 역, 경문사 2012

[17] 리차드 쿠랑, 허버트 로빈스, *수학이란 무엇인가*, 박평우 외 2인 역, 경문사 1969

[18] 토니 크릴리, *반드시 알아야 할 50 위대한 수학*, 김성훈 역, 지식갤러리 2007

[19] 모리스 클라인, *수학의 확실성*, 심재관 역, 사이언스 북스 2010

[20] 제리 킹, *10 lessons*, 박영훈 역, 과학동아북스 2011

[21] Keith Devlin, *The Language of Mathematics*, W.H. Frreman and company 1998

[22] Harold Parks, Gary Musser, Lynn Trimpe, Vikki Maurer, Roger Maurer, *A Mathematical View of Our World*, Brooks/Cole 2007

색인

| ㅌ |

| ㅍ |

| ㅇ |